豊澤栄治 著

楽しいR

ビジネスに役立つデータの扱い方・
読み解き方を知りたい人のための

R統計分析入門

SE
SHOEISHA

はじめに

データ活用の必要性はわかっている、手元にデータもある。売上の推移グラフを書いたり、昨年度対比の伸び率や平均値との比較もしている。ただ、もう一歩踏み込んだ分析ができたら課題解決のヒントが得られるのでは……、きっと本書を手に取ってくださったあなたは、このような方ではないでしょうか？

データ分析に関わる書籍をすでに数冊持っていたり、関連するビッグデータ系（！）のセミナーに参加したことがあったり。

ただ、既存の書籍は「重回帰分析をやってみよう」とか、「主成分分析について」など、分析の手法が主役になってしまっている場合が多いように感じます。料理に例えると「何を作りたいか」「必要な道具は」「必要な材料は」の道具の解説に力点が置かれていると言えます。もしくは、読み物として面白いのですが実際に手を動かせるようには意図されていない。データ分析には、何を作るか（ビジネスで解決したい課題は何か？）＋道具を決めて（分析手法は何を使うか？）＋必要な材料を集める（必要なデータを収集できるか？）に加えて、味わって食べる（分析結果を解釈し課題解決へつなげる）一連の流れを経験することが必要だと考えます。

本書はマーケター向けの専門メディア「MarkeZine」での連載をもとに大幅に加筆修正しました。多忙な社会人ビジネスパーソンが効率的にデータ分析の実際が学べるように、具体的なデータを取り上げています。R のコードを打ち込むたびに、「メンドクサイ」⇒「何か楽しそうだぞ！」へと印象が変わっていくことを切に願っています。

本書を読んだ後、その先の出口、つまり発展学習に向けた書籍紹介もしていますのでぜひご覧ください！

謝辞

翔泳社の押久保 剛、井浦 薫、雨宮朋臣の各氏には、連載時から本書構成、また関連セミナーに関して大変お世話になりました。

SPSS Japan、興銀フィナンシャルテクノロジー、ソシエテ ジェネラル アセットの元同僚の皆様（特に元上司であった伊藤敬介様）に本当に感謝しております（私が勤務した会社はすべて合併、買収、統合で名前が現存していません。あらら）。もちろんロックオンの同僚の皆様にも大感謝です。

勤務するロックオン岩田社長の「書いてみたらえぇやん。MarkeZine 編集長の押久保さん紹介したるわ」の一言がこんな形になりました。あらためて感謝です。もちろんロックオンの同僚の皆様にも大々感謝。「いつもの」飲みメンバーもアレやコレな相談に乗ってくれて感謝しています。

また、快く校正を受けて下さった伊藤信雄様、丸谷雅俊様、ありがとうございました！

書籍の謝辞の最後は、家族へのものと相場は決まっています。妻や子どもの名前をあげる形式ですね、わかります。が、40 歳独身……、困りました。代わりに BABYMETAL と乃木坂 46（深川麻衣さん、井上小百合さん推し）から元気をもらっています。感謝。IDZ（Izime Dame Zettai）。

豊澤栄治

CONTENTS

目次

これだけわかれば大丈夫「Rの基本」

本書は、フリーの統計解析ソフトウェア「R」の使い方を、実際にパソコンで実行しながら学べるように解説しています。読み進める際に必要な基礎知識をまとめました。

コマンドについて

Rはキーボードから入力した「**コマンド**（command）」という命令を実行することで分析やグラフの描画などを行います。コマンドは「プログラム」「コード」とも呼ばれます。Rはツールであると同時にプログラミング言語という側面もあるので、目的を達成するコマンドを考えて入力することは、簡単なRプログラミングを実行していることになります。

関数について

プログラミング言語には「**関数**（function）」と呼ばれるものがあります。function は「機能」という意味があり、関数を使うことによってさまざまな操作を行うことができます。関数は以下のような形をしています。

```
head(sample)
```

これは3章に出てくる head 関数です。これは、「sample という名前が付いたデータの最初の部分を表示してください」という意味です。これを、Rの画面に表示されるコマンドプロンプト「>」の隣にコマンドとして入力し、Enter キーを押すと実行することができます。このように、**関数は () に入っているものに対して操作を行います。**

```
> head(sample)
  ID  CV AGE  SEX      AD
1 10 yes  38 Male    Mail
2 11 yes  30 Male    Mail
3 12 yes  25 Male    Mail
4 13 yes  38 Male    Mail
5 14 yes  41 Male    Mail
6 15 yes  26 Male Listing
```

矢印を使ってデータを格納

本書に何度も出てくるコマンドの書き方に「<-」があります。これは**矢印**です。

```
ts.sample<-ts(sample)
```

これは1章に出てくるコマンドで、ts関数を使ってsampleを時系列データにして、「ts.sample」という名前を付ける、という意味です。この「A←B」という書き方は**「分析した結果（B）をAという入れ物に入れる」**というイメージです。このように、データに名前を付けることで、データが扱いやすくなります。

実行したけど、何も起きない

Rでは、コマンドを実行すると別ウィンドウが開いてグラフが描画されます。

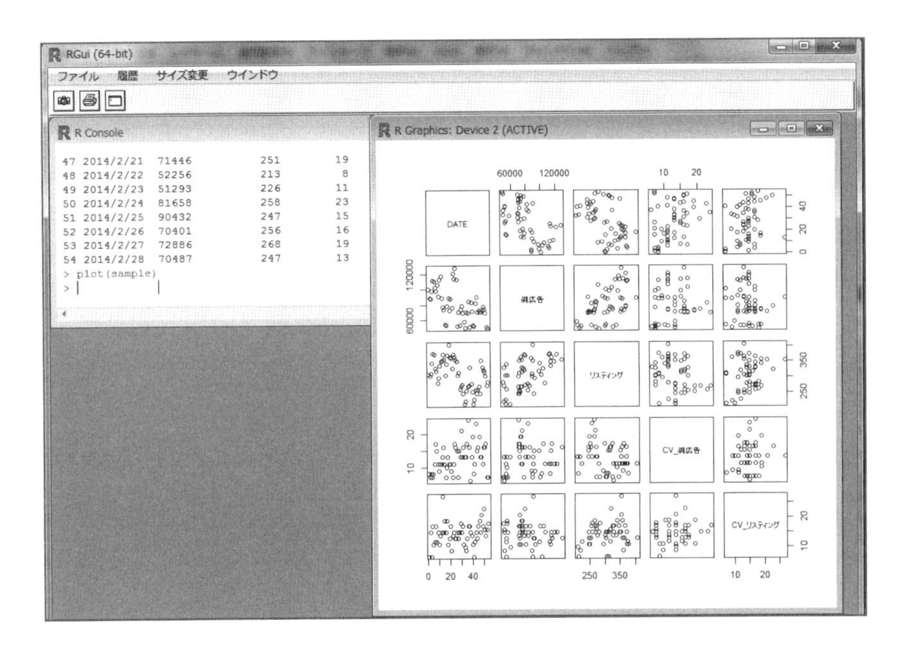

しかし、**コマンドを実行しても何も起きないこともあります。**たとえば、データを分析するコマンドを実行した場合などです。その時は、分析結果を表示させるコマンドを使って内容を確認します。

こちらは、曜日情報が入っているデータ「youbi1」を表示しているところ。**データの名前**（youbi1）**を入力するとその内容をすべて表示してくれます。**

```
> youbi1
 [1] "月曜日" "火曜日" "水曜日" "木曜日" "金曜日" "土曜日" "日曜日" "月曜日"
 [9] "火曜日" "水曜日" "木曜日" "金曜日" "土曜日" "日曜日" "月曜日" "火曜日"
[17] "水曜日" "木曜日" "金曜日" "土曜日" "日曜日" "月曜日" "火曜日" "水曜日"
[25] "木曜日" "金曜日" "土曜日" "日曜日" "月曜日" "火曜日" "水曜日" "木曜日"
[33] "金曜日" "土曜日" "日曜日" "月曜日" "火曜日" "水曜日" "木曜日" "金曜日"
[41] "土曜日" "日曜日" "月曜日" "火曜日" "水曜日" "木曜日" "金曜日" "土曜日"
[49] "日曜日" "月曜日" "火曜日" "水曜日" "木曜日" "金曜日"
```

データ量が多い時、少しだけデータを見たい時はこんなコマンドも使えます。これは先ほどのhead関数を使って、表形式のデータのヘッダー（冒頭）部分だけを表示させています。こうした表形式のデータを本書ではテーブルとも呼びます。

```
> head(sample)
  ID  CV AGE  SEX      AD
1 10 yes  38 Male    Mail
2 11 yes  30 Male    Mail
3 12 yes  25 Male    Mail
4 13 yes  38 Male    Mail
5 14 yes  41 Male    Mail
6 15 yes  26 Male Listing
```

こちらはsummaryという関数を使って、**データに含まれる数値の平均や、最大値／最小値などの概要を一覧表示する**コマンドです。

```
> summary(sample)
       ID            CV           AGE            SEX            AD
 Min.   :10.00   no :15   Min.   :20.00   Female:24   DSP    :11
 1st Qu.:22.25   yes:35   1st Qu.:28.25   Male  :26   Listing:16
 Median :34.50            Median :35.00               Mail   :23
 Mean   :34.50            Mean   :33.38
 3rd Qu.:46.75            3rd Qu.:38.00
 Max.   :59.00            Max.   :50.00
```

男性や女性といった性別など**特定のグループごとに集計したい**場合は、by関数を使います。例は性別ごとにsummary関数を行った結果です。

```
> by(sample1,sample1$SEX,summary)
sample1$SEX: Female
       id              CV          AGE                SEX            AD
 Min.   :18.00    no :14   Min.   :20.00    Female:24   DSP     : 8
 1st Qu.:27.75    yes:10   1st Qu.:23.00    Male  : 0   Listing: 5
 Median :43.50             Median :34.50                Mail    :11
 Mean   :40.00             Mean   :32.75
 3rd Qu.:53.25             3rd Qu.:39.25
 Max.   :59.00             Max.   :50.00
-----------------------------------------------------------
sample1$SEX: Male
       id              CV          AGE                SEX            AD
 Min.   :10.00    no : 1   Min.   :25.00    Female: 0   DSP     : 3
 1st Qu.:16.25    yes:25   1st Qu.:30.25    Male  :26   Listing:11
 Median :32.50             Median :35.00                Mail    :12
 Mean   :29.42             Mean   :33.96
 3rd Qu.:38.75             3rd Qu.:38.00
 Max.   :51.00             Max.   :42.00
```

最後に、過去のデータや分析結果を削除するコマンドrmを紹介します。以下は、sample1というデータを削除した後、その内容を表示させた結果です。すでにデータは削除されているので、エラーが出ています。

```
> rm(sample1)
> sample1
 エラー:  オブジェクト 'sample1' がありません
```

実際に手を動かしながら、Rの操作に少しずつ慣れていってください。

サンプルデータのダウンロード

本書のサンプルデータ、および入力するコマンドは、すべて翔泳社のウェブサイトからダウンロードすることができます。

http://www.shoeisha.co.jp/book/detail/9784798139012

サンプルデータを使う前に、Rにデータを読み込ませる準備が必要です。必ず1章の「Rの起動と準備」「データの読み込み」を参考にして、お使いのパソコンの適切な場所にサンプルデータを保存してください。

翔泳社ecoProjectのご案内

株式会社 翔泳社では地球にやさしい本づくりを目指します。
制作工程において以下の基準を定め、このうち4項目以上を満たしたもの
をエコロジー製品と位置づけ、シンボルマークをつけています。

資材	基準	期待される効果	本書採用
装丁用紙	無塩素漂白パルプ使用紙 あるいは 再生循環資源を利用した紙	有毒な有機塩素化合物発生の軽減（無塩素漂白パルプ） 資源の再生循環促進（再生循環資源紙）	○
本文用紙	材料の一部に無塩素漂白パルプ あるいは 古紙を利用	有毒な有機塩素化合物発生の軽減（無塩素漂白パルプ） ごみ減量・資源の有効活用（再生紙）	○
製版	CTP（フィルムを介さずデータから直接プレートを作製する方法）	枯渇資源（原油）の保護、産業廃棄物排出量の減少	○
印刷インキ*	植物油を含んだインキ	枯渇資源（原油）の保護、生産可能な農業資源の有効利用	○
製本メルト	難細裂化ホットメルト	細裂化しないために再生紙生産時に不純物としての回収が容易	○
装丁加工	植物性樹脂フィルムを使用した加工 あるいは フィルム無使用加工	枯渇資源（原油）の保護、生産可能な農業資源の有効利用	

*：パール、メタリック、蛍光インキを除く

本書内容に関するお問い合わせについて

本書に関するご質問、正誤表については、下記のWebサイトをご参照ください。
正誤表　http://www.shoeisha.co.jp/book/errata/
刊行物Q&A　http://www.shoeisha.co.jp/book/qa/

インターネットをご利用でない場合は、FAXまたは郵便で、下記にお問い合わせください。
〒160-0006　東京都新宿区舟町5
（株）翔泳社 愛読者サービスセンター
FAX番号：03-5362-3818

電話でのご質問は、お受けしておりません。

本書は「R version 3.1.1 (2014-07-10)／Platform: x86_64-w64-mingw32/x64 (64-bit)」をもとに解説しています。

とっつきにくいけど
実は Excel 以上に賢いヤツ

フリー統計解析ソフトウェア「R」を触ってみよう

本書はフリーの統計解析言語・統計解析ソフトウェア「R」について、初心者向けにわかりやすく解説していきます。第１章では、まず「R」をダウンロードをして触ってみましょう。

「R」って最近よく聞くけど何が便利なの？

昨今のビッグデータブームの中で、「R（アール）」という言葉をお聞きになったことがある方も多いでしょう。Rは、非常に多機能なフリーのデータ分析ソフトウェアです。

世界中の研究者／実務家に利用され、関連書籍も多数出版されています。検索エンジンで「R　データ分析」と入力すると大量の情報を見つけることができます。「R　データ分析　pdf」で検索すると、pdfファイル化された情報を優先的に参照することもできます。

ただ、Rをダウンロードしてみたものの、人を寄せ付けないコンソール画面を前にして、そっと画面を閉じてしまった方も多いのではないでしょうか。

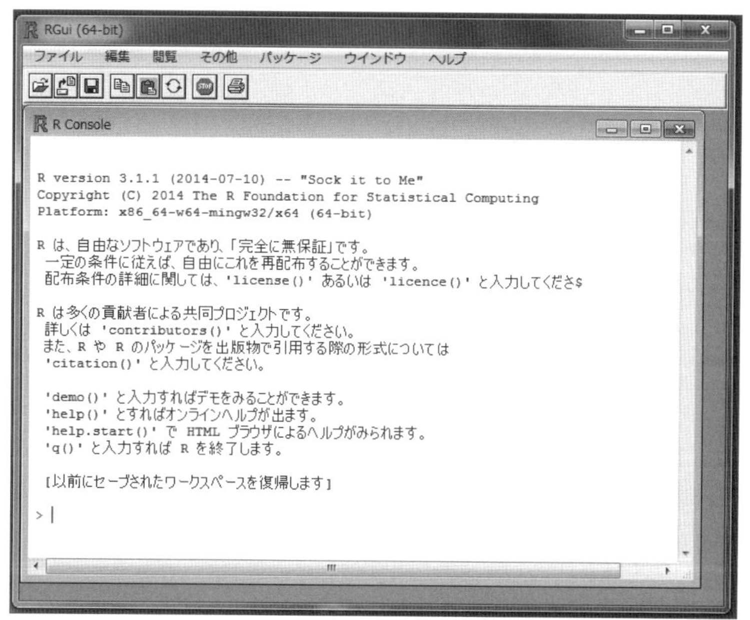

Rの起動画面。一番下に表示される赤い「>」を、「コマンドプロンプト」と言います。この部分にコマンドを入力することで、さまざまな操作が可能になります。

スマホのような直観的なユーザーインターフェースが全盛の現在、Rは確かにわかりやすいものではありません。むしろわかりにくい。

しかしながら、Rは驚くほど簡単に高度な分析が実行できる優れものなのです。もちろん、データ分析においては各種分析手法に合わせたデータを用意する必要がありますし、結果の解釈についても正しい知識がなければ誤った結論を導いてしまう可能性もあります。

興味はあるけどちょっと大変そうだ……とお考えの方々の背中をそっと押して、データ分析の楽しさを体感してもらいたい！　本書はその思いで執筆しました。

具体的なサンプルデータとプログラムを用意していますので、ダウンロードしてお手元のパソコンで実際に動かし、データ分析の荒波へ一歩を踏み出しましょう！　本書は、厳密さよりわかりやすさを重視します。どうかご了承の上、皆さまどうぞお付き合いください。

Excel よりも分析手法が圧倒的に豊富！

本題に入る前に、まずデータ分析ツールの定番である Excel と何が違うのか簡単に紹介しましょう。

	コスト	わかりやすさ	分析手法の豊富さ	回帰分析	時系列分析	決定木	階層クラスター分析
R	無料	×	◎（圧倒的）	◎	◎	◎	◎
Excel	有料	◎	△	◎	△	×	×

Excel の特徴はなんと言ってもそのわかりやすさ。さらに分析ツールやソルバーといったアドインを追加することで、かなり高度な分析も実行できます。しかしながら、本書で解説する時系列分析や決定木、階層クラスター分析など、**視覚化が伴うような手法は R の方が非常に簡単に実行できます**。

R は見た目が非常にとっつきにくくて無骨な感じですが、コツさえつかめば操作はある意味 Excel より簡単です。分析するツールはあくまで目的ではなく手段ですので、臨機応変に使い分けていきたいところです。

何はともあれダウンロード＆インストール！

さて、ではさっそくRをダウンロードしてみましょう。Rはこちら（http://cran.md.tsukuba.ac.jp/）からダウンロードできます。

まず、Rを使用するパソコンのOSを選択しましょう。

続いて、インストールに使用するデータがあるサブディレクトリを選択します。ここでは「base」を選択しましょう。

R for Windows

Subdirectories:

base	Binaries for base distribution (managed by Duncan Murdoch). This is what you want to **install R for the first time**.
contrib	Binaries of contributed packages (managed by Uwe Ligges). There is also information on third party software available for CRAN Windows services and corresponding environment and make variables.
Rtools	Tools to build R and R packages (managed by Duncan Murdoch). This is what you want to build your own packages on Windows, or to build R itself.

次に最新バージョン「Download R 3.1.1 for Windows」のリンクをクリックして、ダウンロードを開始します。本書執筆時点での最新バージョンは「R 3.1.2」です。インストール手順は変わらないので、その時点での最新版でお試しください。ファイルを実行または保存するかを確認するメッセージが表示されたら、「保存」ボタンをクリックしましょう。

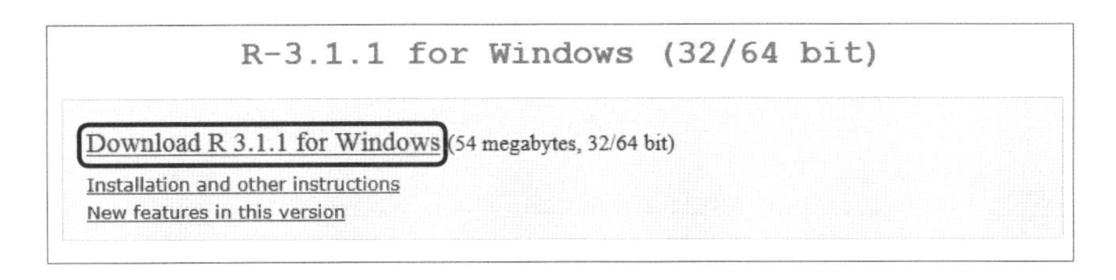

ダウンロードが完了したら、保存先のフォルダ（何も指定しない場合は「ダウンロード」フォルダ）を開いて、ダウンロードしたファイル（R-3.1.1-win.exe）が格納されていることを確認しましょう。ファイルをダブルクリックして（または「実行」ボタンを押して）インストール開始です！

セットアップに使用する言語は、素直に日本語を選択しましょう。

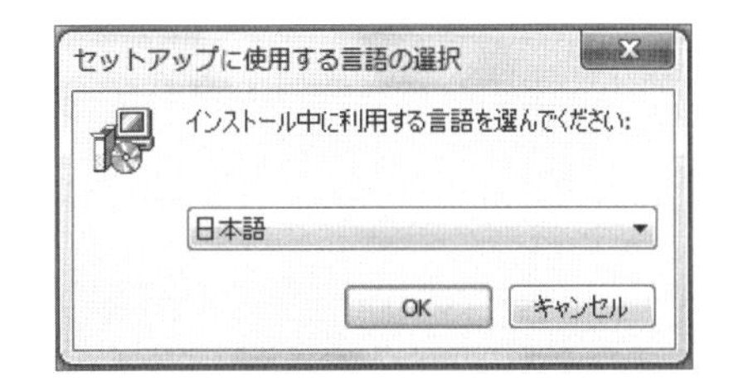

セットアップウィザードが起動したら、「次へ」をクリック。

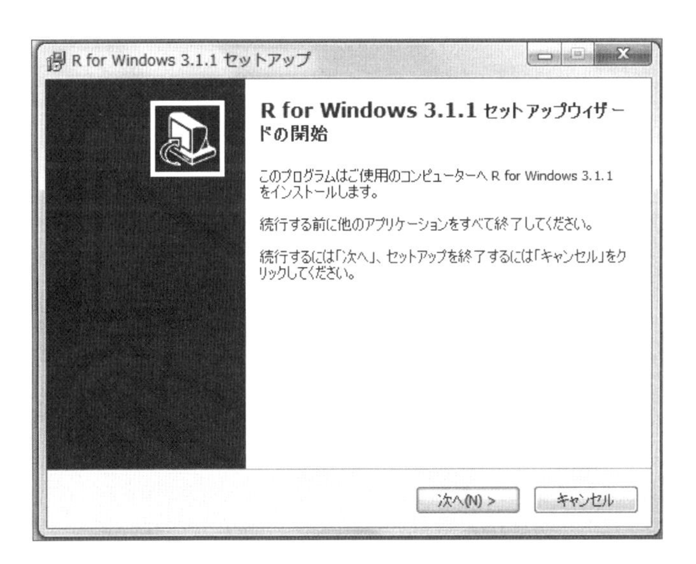

「次へ」をクリック。

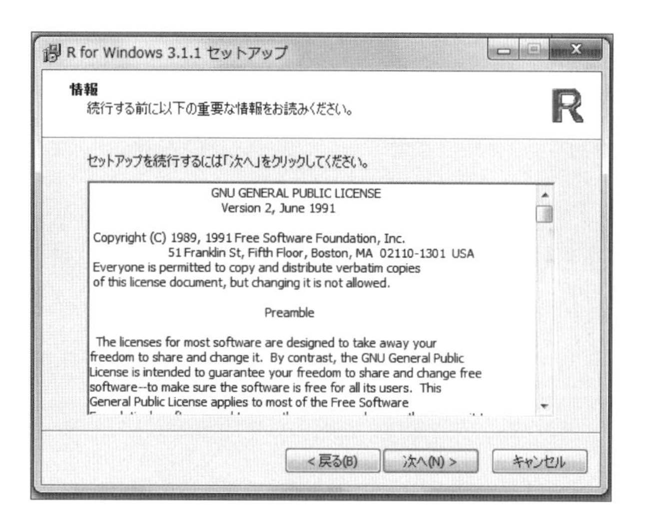

インストール先を指定して「次へ」をクリック。

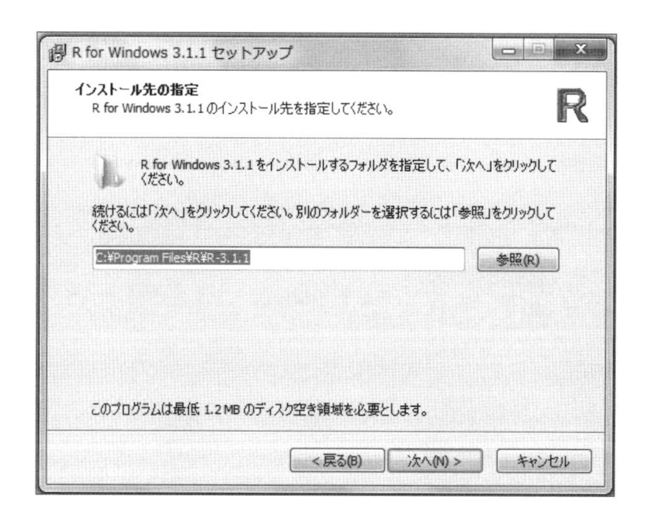

次に、4つのコンポーネントのうち、1つを選択します。ここでは32bit版、64bit版のいずれかを、お使いのPCの環境によって選択してください。本書では「64-bit Files」のみチェックを入れて、他のチェックははずしておきます。どちらを選択しても問題ありません。

Windows7 の場合、32bit か 64bit かは「コントロールパネル」→「システム」→「システムの種類」で確認できます。詳しくはマイクロソフト社のサポートページ等をご覧ください！

「自分のパソコンが 32 ビット版か 64 ビット版かを確認したい」
http://support.microsoft.com/kb/958406/ja

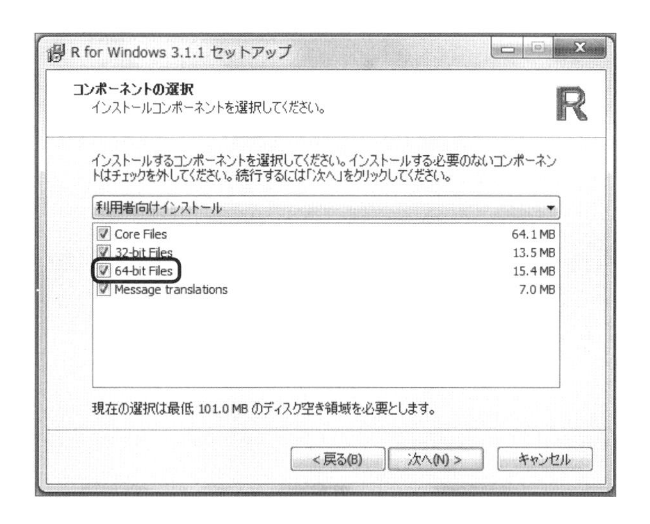

起動時のオプションは、必要がなければ「いいえ（デフォルトのまま）」を選択し、「次へ」をクリック。

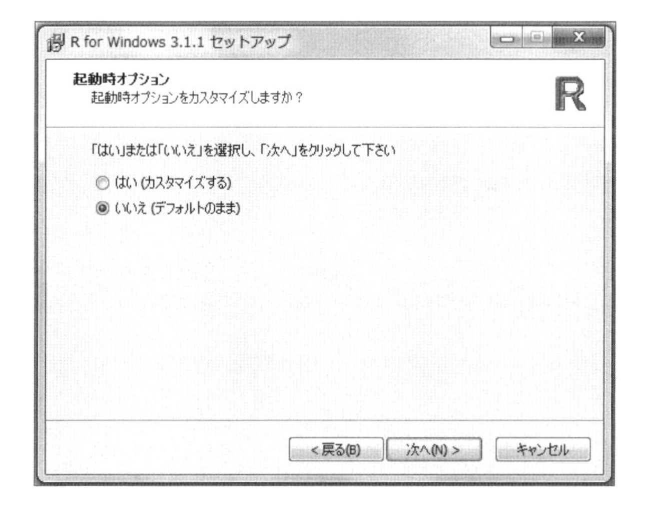

スタートメニューのショートカット名を指定します。そのままでも構いません。

次の「追加タスクの選択」も、基本的にはそのままで構わないでしょう。

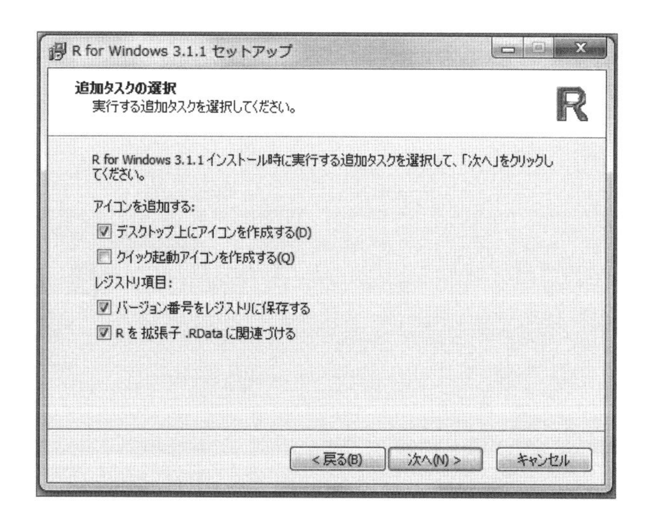

「次へ」をクリックすると、インストール作業が始まります。次の画面が表示されたら「完了」をクリックして作業はおしまいです。お疲れ様でした！

R の起動と準備

それではさっそく起動してみましょう！　デスクトップに作成されたショートカットをダブルクリックするか、Windows のスタートメニューから「R」を選択します。

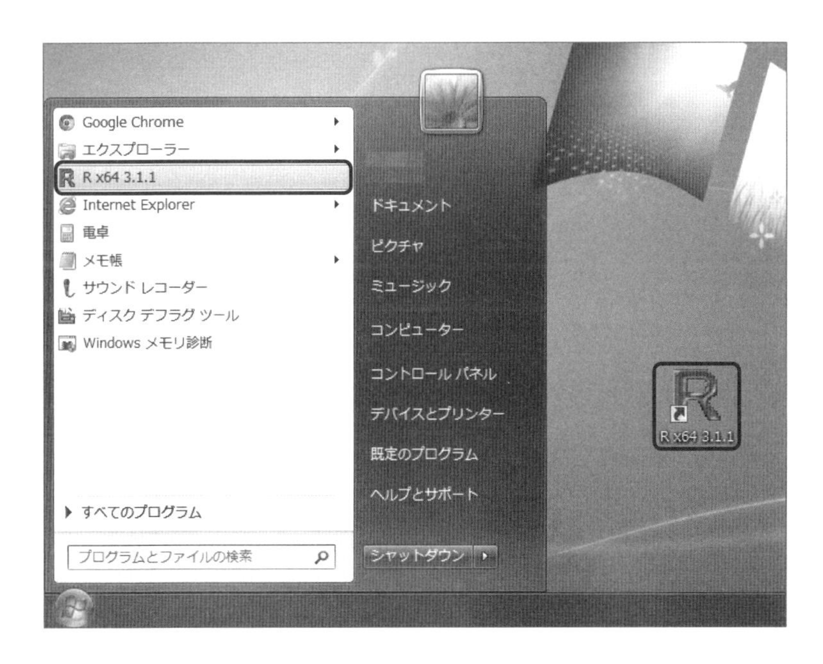

すると以下の画面が表示されます。

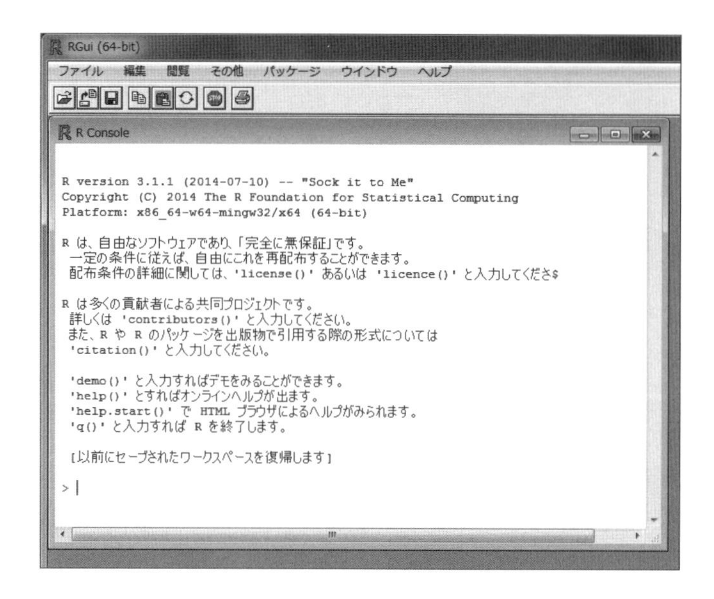

なんということでしょう！　この人を寄せ付けない無味乾燥なインターフェース！　スマホ全盛、UX 至上主義に真っ向から勝負する無骨なまでのコンソール……。「閉じる」ボタンを押したい衝動をグッとこらえて前進です。

サンプルファイルを読み込む準備

ix ページの説明をもとにあらかじめダウンロードしておいた本書のサンプルデータを、パソコンの C ドライブ直下の「data」フォルダに格納したとします（「data」フォルダがない場合は、あらかじめ作成しておいてください）。まずは、そのファイルを R に読み込ませるための設定をしましょう。「ファイル」メニューから「ディレクトリの変更」を選択します。

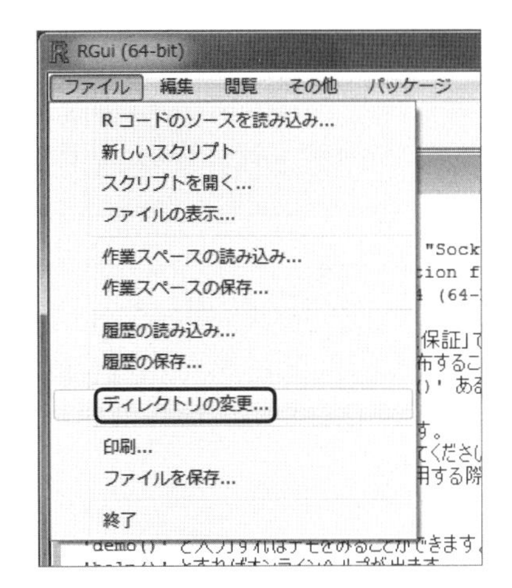

「フォルダーの参照」が表示されますので、「data」フォルダを選択し、「OK」をクリックします。

これで、準備万端です！

 データの読み込み

まずはやってみよう！ ということで、さっそくコマンドを入力してみましょう。画面の最下部に赤い色で表示された「>」の横に、赤い縦棒が点滅していると思います。そこに以下のコマンドを入力します。本書で入力するコマンドは、各章ごとにテキストファイルにまとめてあるので、それをコピー&ペーストしても構いません。入力、あるいはコピペしたら必ずEnterキーを押してください。

```
sample<-read.table("sample.txt",header=T)
```

このコマンドは、「ディレクトリの変更」で指定したdataフォルダのsample.txtをR内に読み込んでsampleと名前を付けましょう、という意味です。なお、header=Tとなっているのは、表のヘッダーに**変数名**を読み込むという意味です（TはTrue）。変数名とは分析対象のデータの名前のこと。ここでは、DATE、純広告、リスティング、CV_純広告、CV_リスティングを指します。

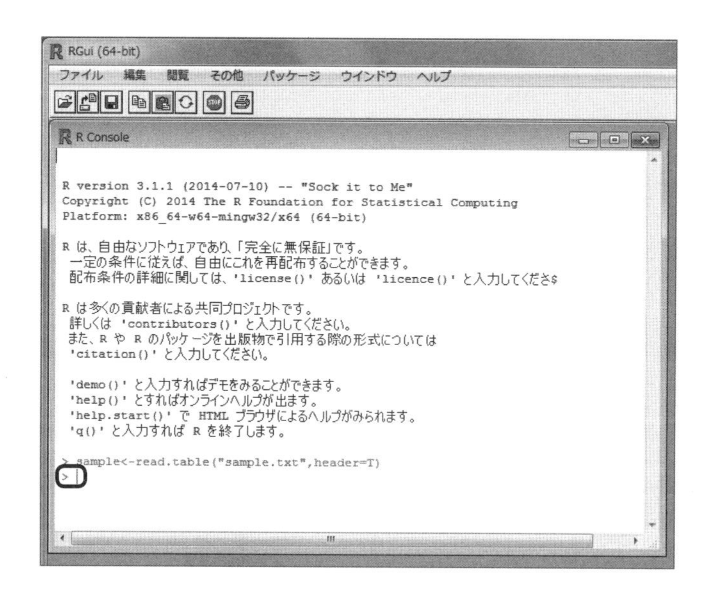

続いてコマンドプロンプトで以下のようにタイプして、Enterキーを押してみましょう。

```
sample
```

```
R Console

> sample<-read.table("sample.txt",header=T)
> sample
         DATE 純広告 リスティング CV_純広告 CV_リスティング
1    2014/1/6 122067          373        11              15
2    2014/1/7 114137          364        17              13
3    2014/1/8 128640          357        16              13
4    2014/1/9 113522          352        15              15
5   2014/1/10 100794          308         8               7
6   2014/1/11  88473          303         7              15
7   2014/1/12  87768          312         8               7
8   2014/1/13  98202          346         7              17
9   2014/1/14 112450          378         8              11
10  2014/1/15 110696          374        11              12
11  2014/1/16 103128          328        17              17
12  2014/1/17  97714          319        15              12
13  2014/1/18 105957          281        11              15
14  2014/1/19  91808          297         9              11
15  2014/1/20 113254          338        11              14
```

すると、上のように読み込まれたデータを確認することができます。ヘッダーに変数名が表示されていますね。これが、この章で使うサンプルデータsample.txtの中身です。このサンプルデータは、インターネット上の広告効果測定を想定したサンプルとなっています。

- DATE：日付
- 純広告：純広告のインプレッション数
- リスティング：リスティングのクリック数
- CV_純広告：純広告のコンバージョン数
- CV_リスティング：リスティングのコンバージョン数

純広告：特定の媒体に掲載される広告（表示される場所が決まっている広告です）。

インプレッション数：広告の掲載回数。

リスティング：Yahoo!やGoogleの検索結果ページの最上段や右側に表示される、検索キーワードに関連するテキストリンク型の広告。それがどれだけクリックされたかを集計する。

コンバージョン（CV）：資料請求や会員登録の各種申込み、商品購入など成果として想定されているもの。

視覚化コトハジメ1 ～はじめの一歩は散布図から～

Rではさまざまなグラフを描画することが可能です。代表的なコマンドにplotがあります。

```
plot(sample)
```

と打ち込んでみましょう！（コマンドを打ち込んだらEnterキーを押すのを忘れずに）

すると、別ウィンドウが開いて以下のようなグラフ（**散布図**）が表示されます。散布図は2つの**変数**の関係を分析する際にとても便利なグラフです。変数とは分析対象のデータ系列1つ1つを指します。解釈については次章以降で取り上げます。

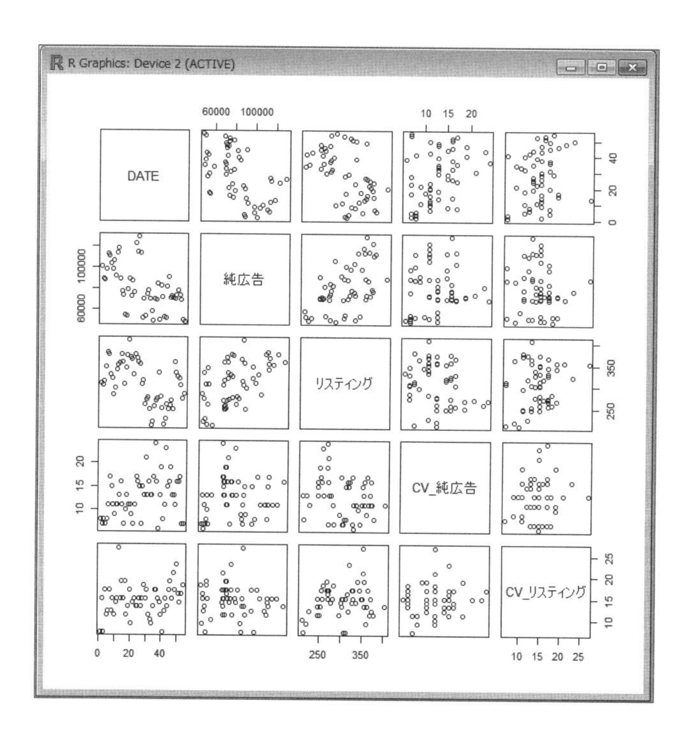

次に以下のように打ち込んでみましょう。

```
plot(sample[,2:5])
```

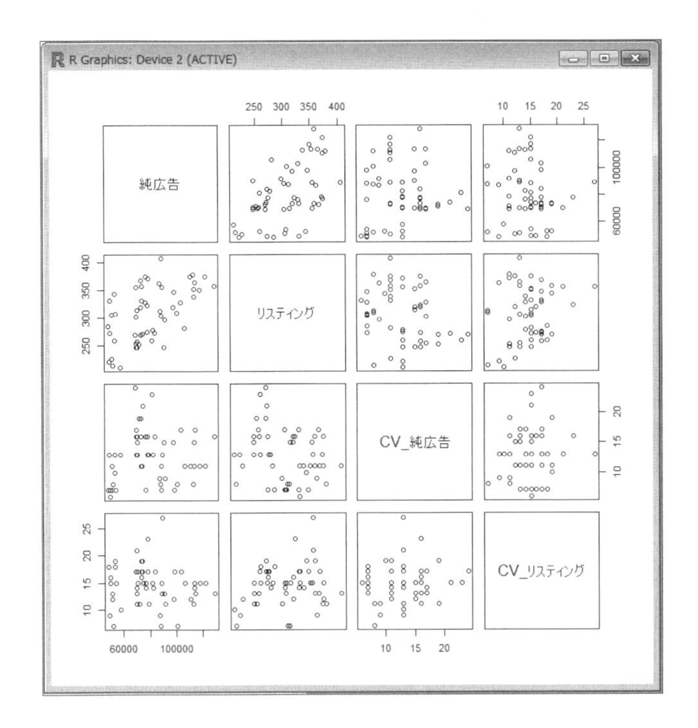

左上にあったDATE変数が消えています。つまり、sample(,[2:5])は、sample.txtのすべての行を選択し、2番目の列から5番目の列を選択するという意味です。

視覚化コトハジメ２ 〜折れ線グラフを描いてみよう！〜

以下の２つのコマンドを入力すると、次のような折れ線グラフが描けます。

```
ts.sample<-ts(sample)

plot(ts.sample[,2:5])
```

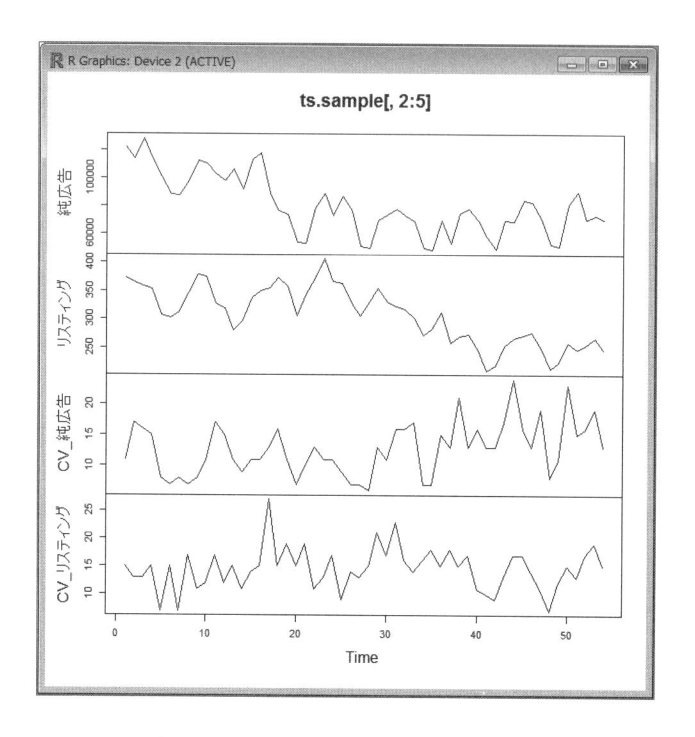

ts(sample) は、() 内のデータを**時系列データ**として認識させる関数です。時系列データとは特定の時間ごとに計測された一連のデータを指します（例えば、日付と一日の平均温度など）。ここでは、あまり深く考えずにおまじないと思って前に進みましょう！

次の ts.sample[,2:5] はもうおわかりですよね？　ts.sample に含まれるデータの２列目から５列目を選択するという意味です。このグラフ、横軸に日付を表示したくないですか？　したいですよね。ちょっとした工夫でできます！

視覚化コトハジメ３ ～日付付きの折れ線グラフを描いてみよう！～

以下のコマンドを、すべてＲのコンソール画面にコピペして実行しましょう。#1や#2などの番号は、後で説明する時のためのものなので、入力しなくて大丈夫です。また、長いコマンドは右端に➡を付けて折り返しています。

```
#1
sample$DATE2<-strptime(sample$DATE,"%Y/%m/%d")
#2
par(mfrow=c(2,2))
#3
plot(sample$DATE2,sample$純広告,type="l",ylab="純広告",xlab="日付",xaxt="n")

r <- as.POSIXct(round(range(sample$DATE2), "days"))

axis.POSIXct(1, at=seq(r[1],r[2], by="1 week"), format="%m/%d")
#4
plot(sample$DATE2,sample$リスティング,type="l",ylab="リスティング",xlab="日付➡
",xaxt="n")

r <- as.POSIXct(round(range(sample$DATE2), "days"))

axis.POSIXct(1, at=seq(r[1],r[2], by="1 week"), format="%m/%d")
#5
plot(sample$DATE2,sample$CV_純広告, type="l",ylab="CV_純広告",xlab="日付➡
",xaxt="n")

r <- as.POSIXct(round(range(sample$DATE2), "days"))

axis.POSIXct(1, at=seq(r[1],r[2], by="1 week"), format="%m/%d")
#6
plot(sample$DATE2,sample$CV_リスティング, type="l",ylab="CV_リスティング",➡
xlab="日付",xaxt="n")

r <- as.POSIXct(round(range(sample$DATE2), "days"))

axis.POSIXct(1, at=seq(r[1],r[2], by="1 week"), format="%m/%d")
```

これを実行すると、以下のような4つの折れ線グラフが描かれます。

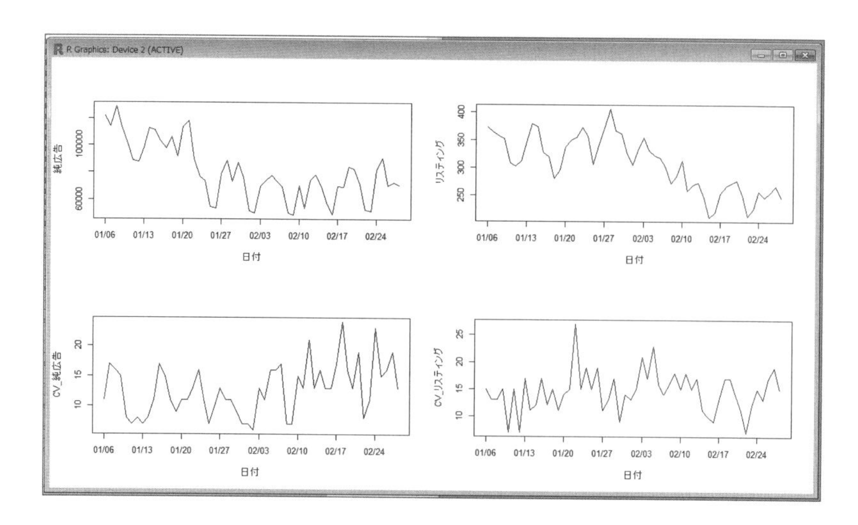

折れ線グラフの解釈ですが、純広告のインプレッション数とリスティングのクリック数については、以下の2点が見て取れます。

1. 短いサイクルの上下運動がある
2. やや右肩下がりの傾向がある

一方、CV（コンバージョン）数の2系列については、短いサイクルの上下運動は確認できますが、下落トレンドはないようです。

続いてコマンドの解説を行っていきます。Rでは読み込んだ変数を指定する方法が複数用意されています。先ほど出てきた`sample(,[2:5])`の他にもあります。例えば、

```
sample$DATE
```

は、sampleの中にあるDATE変数を選択します。試しにコンソールで打ち込んでみると、DATE変数の中身である日付が表示されます。

```
>  sample$DATE
 [1] 2014/1/6  2014/1/7  2014/1/8  2014/1/9  2014/1/10 2014/1/11 2014/1/12
 [8] 2014/1/13 2014/1/14 2014/1/15 2014/1/16 2014/1/17 2014/1/18 2014/1/19
[15] 2014/1/20 2014/1/21 2014/1/22 2014/1/23 2014/1/24 2014/1/25 2014/1/26
[22] 2014/1/27 2014/1/28 2014/1/29 2014/1/30 2014/1/31 2014/2/1  2014/2/2
[29] 2014/2/3  2014/2/4  2014/2/5  2014/2/6  2014/2/7  2014/2/8  2014/2/9
[36] 2014/2/10 2014/2/11 2014/2/12 2014/2/13 2014/2/14 2014/2/15 2014/2/16
[43] 2014/2/17 2014/2/18 2014/2/19 2014/2/20 2014/2/21 2014/2/22 2014/2/23
[50] 2014/2/24 2014/2/25 2014/2/26 2014/2/27 2014/2/28
54 Levels: 2014/1/10 2014/1/11 2014/1/12 2014/1/13 2014/1/14 ... 2014/2/9
> |
```

この変数の指定方法を踏まえて、解説を続けます。

```
#1
sample$DATE2<-strptime(sample$DATE,"%Y/%m/%d")
```

strptimeという関数を使って、sample$DATEをRが認識できる日付型の変数（DATE2）にしています。やや高度ですが、時系列の折れ線グラフを描写する際に非常に便利です。

```
sample
```

と打ち込むと、DATE2という変数が追加されていることが確認できます。

```
R Console
> sample$DATE2<-strptime(sample$DATE,"%Y/%m/%d")
> sample
        DATE 純広告 リスティング CV_純広告 CV_リスティング      DATE2
1   2014/1/6 122067          373        11              15 2014-01-06
2   2014/1/7 114137          364        17              13 2014-01-07
3   2014/1/8 128640          357        16              13 2014-01-08
4   2014/1/9 113522          352        15              15 2014-01-09
5  2014/1/10 100794          308         8               7 2014-01-10
6  2014/1/11  88473          303         7              15 2014-01-11
7  2014/1/12  87768          312         8               7 2014-01-12
8  2014/1/13  98202          346         7              17 2014-01-13
9  2014/1/14 112450          378         8              11 2014-01-14
10 2014/1/15 110696          374        11              12 2014-01-15
11 2014/1/16 103128          328        17              17 2014-01-16
12 2014/1/17  97714          319        15              12 2014-01-17
13 2014/1/18 105957          281        11              15 2014-01-18
14 2014/1/19  91808          297         9              11 2014-01-19
15 2014/1/20 113254          338        11              14 2014-01-20
16 2014/1/21 117652          350        11              15 2014-01-21
17 2014/1/22  89346          354        13              27 2014-01-22
18 2014/1/23  76926          373        16              15 2014-01-23
19 2014/1/24  73762          357        11              19 2014-01-24
20 2014/1/25  54238          306         7              15 2014-01-25
21 2014/1/26  53142          342        10              19 2014-01-26
22 2014/1/27  78521          371        13              11 2014-01-27
23 2014/1/28  88817          406        11              13 2014-01-28
24 2014/1/29  73001          366        11              17 2014-01-29
25 2014/1/30  87285          362         9               9 2014-01-30
```

```
#2
par(mfrow=c(2,2))
```

これは2×2のグラフを出力する際のおまじないです。先ほどの折れ線グラフは、上下2段に2つずつグラフを描画していました。

もし、1×3（横一列に3つグラフを描画）であれば

```
par(mfrow=c(1,3))
```

となります。

```
#3
plot(sample$DATE2,sample$純広告,type="l",ylab="純広告",xlab="日付",xaxt="n")
```

グラフを描く時の関数plotで、#1で作成したDATE2をX軸に指定し（sample$DATE2）、Y軸には純広告のインプレッション数（sample$純広告）を指定しています。

```
type=" l"
```

と指定すると折れ線グラフが描けます。また、

```
type=" b"
```

と指定すると、折れ線と点で描写されます。

```
ylab=" 純広告"
```

は、Y軸ラベルを指定。

```
xlab=" 日付"
```

は、X軸ラベルを指定。

```
xaxt=" n"
```

は、X軸の目盛に付けられるラベルを非表示にしています。これは、残りの2行で少し特殊な処理をするための前処理です。

```
r <- as.POSIXct(round(range(sample$DATE2), "days"))

axis.POSIXct(1, at=seq(r[1],r[2], by="1 week"), format="%m/%d")
```

上記の２行については高度なため、ここでは説明を割愛します。日次データの時系列グラフを描く時には非常に便利なおまじないです。必要に応じてコピーしてご利用ください。

COLUMN Rを終了する時に、作業スペースを保存したほうがいいの？

Rを終了する時は、「ファイル」メニューから「終了」を選ぶか、ウィンドウの右上にある「×」ボタンをクリックします。その時、「作業スペースを保存しますか？」というメッセージが表示されます。これはどういう意味でしょうか。

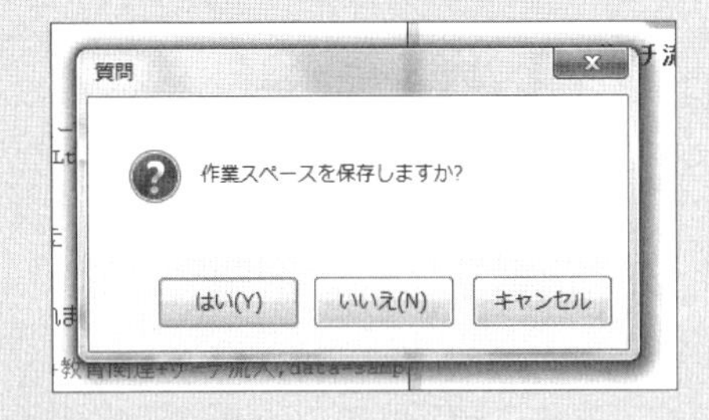

第１章では、読み込んだサンプルデータに名前を付けて、Rで扱えるようにしました。これは、その状態を保存するかどうかたずねているわけです。いったん終了するけれど、同じデータを使って分析する場合は、忘れずに「保存」ボタンを押すようにしましょう。

まとめ

今回は、Rのインストール、データの読み込み、グラフによる視覚化を行いました。Rは汎用性が高くできることも多い分、どこから手を付けていけばよいかわかりにくい点があります。次章以降、実務で役立つことを念頭に使い方を紹介してまいります！

COLUMN

起動画面に書いてあることは？

Rの画面は、GUI（Graphical User Interface）に慣れた人にとってはそっけないと感じると思います。Rのようにキーボードからコマンドを入力して操作するインターフェースは、CUI（Command Line Interface、または Character User Interface）と言います。

最初に表示される起動画面も文字ばかり。

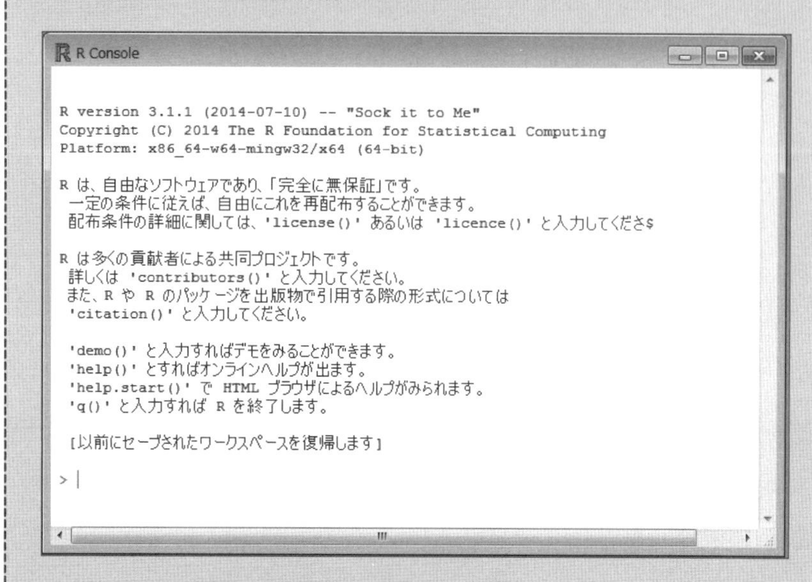

でも、この画面、実はいいことが書いてあるんです。

一番上の3行は、Rのクレジットですね。その下の日本語の3行は、Rはフリーソフトウェアで、その操作の結果については保証しませんよという意味です。その下は、Rは世界中の人たちの協力で成り立っているプロジェクトであることに触れています。

Rのデモを見てみよう

その下に、4つのコマンドについて説明があります。

```
'demo()' と入力すればデモをみることができます。
'help()' とすればオンラインヘルプが出ます。
'help.start()' で HTML ブラウザによるヘルプがみられます。
'q()' と入力すれば R を終了します。
```

demo() と入力すると、R のデモを見ることができます。R で何ができるのかを見せてくれるというわけです。試しに demo() と入力して Enter キーを押しましょう。すると、こんな画面が表示されました。これは見たいデモを指定する方法が書いてあります。

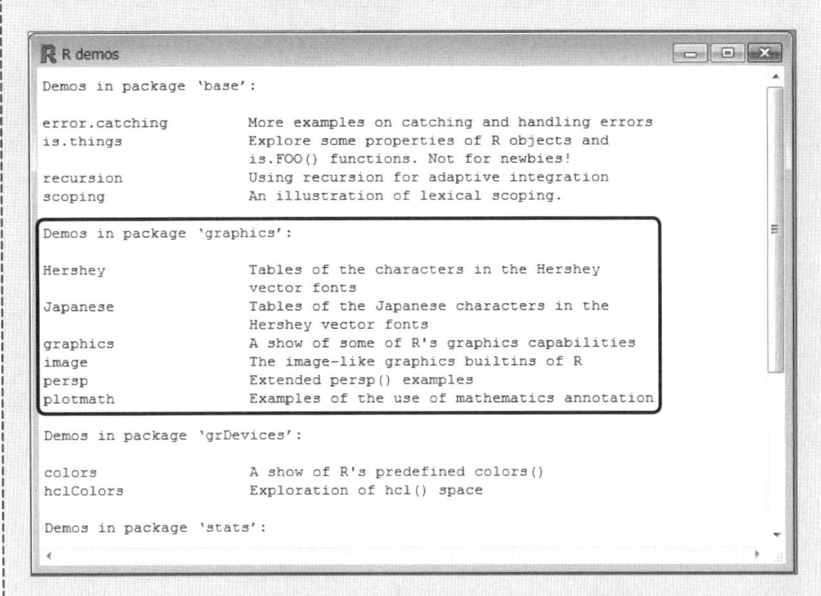

上から 2 つ目の「Demos in package 'graphics':」は、グラフィックについてのデモの紹介です。ここに列挙されている「Hershey」「Japanese」などを demo() のカッコの中に指定すると、そのデモを見ることができます。試しに、demo(graphics) と入力して、R がどんなグラフを描けるかを見てみましょう。赤い文字で、「Type <Return>　to start :」と表示されたら、Enter キーを押してデモをスタート。

すると別ウィンドウが開くので、そのウィンドウの中をクリックすると、R が描画できるグラフのバリエーションが表示されます。

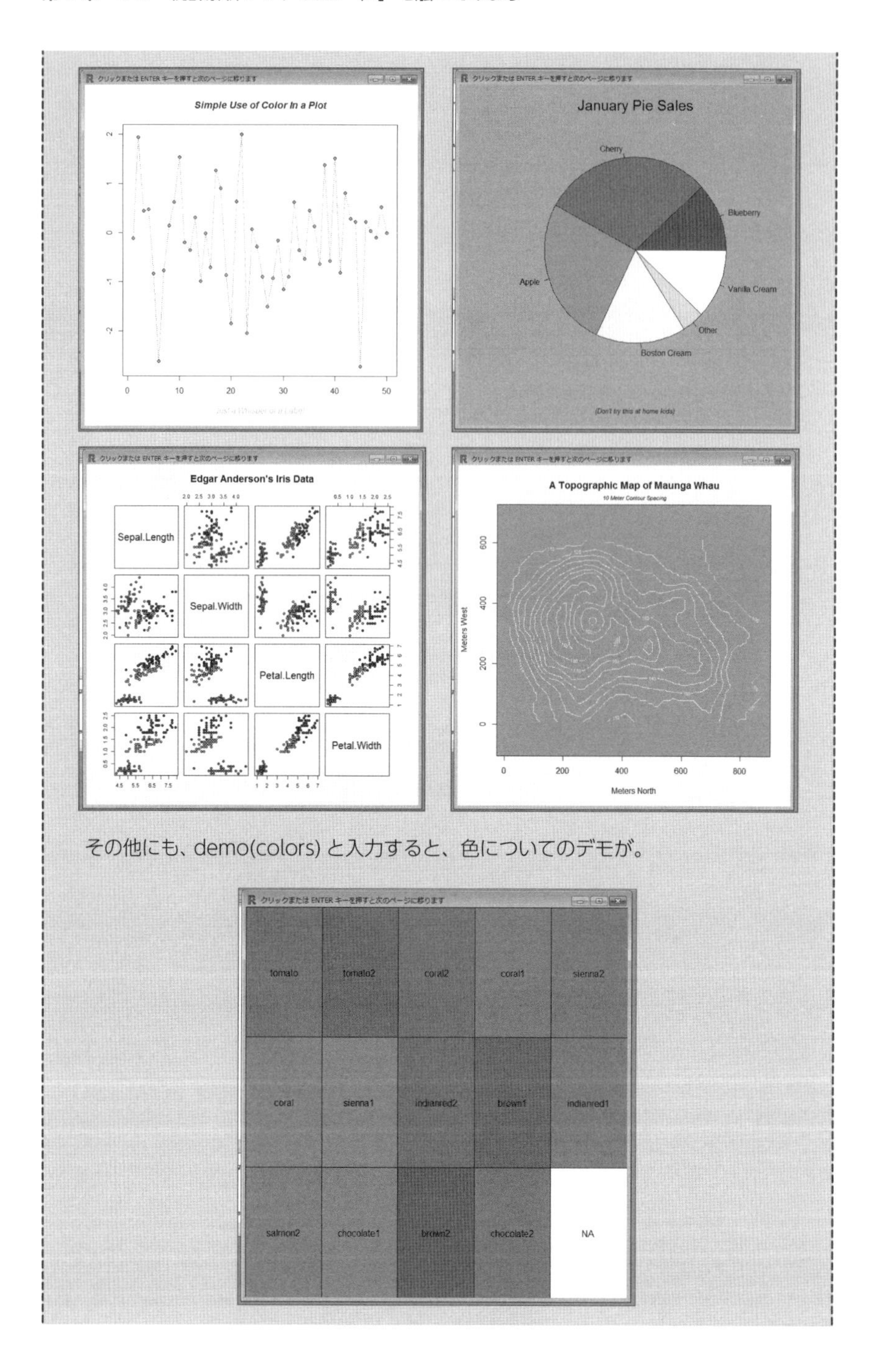

その他にも、demo(colors) と入力すると、色についてのデモが。

「demo(Japanese)」と入力すると、日本語フォントの一覧が表示されます。

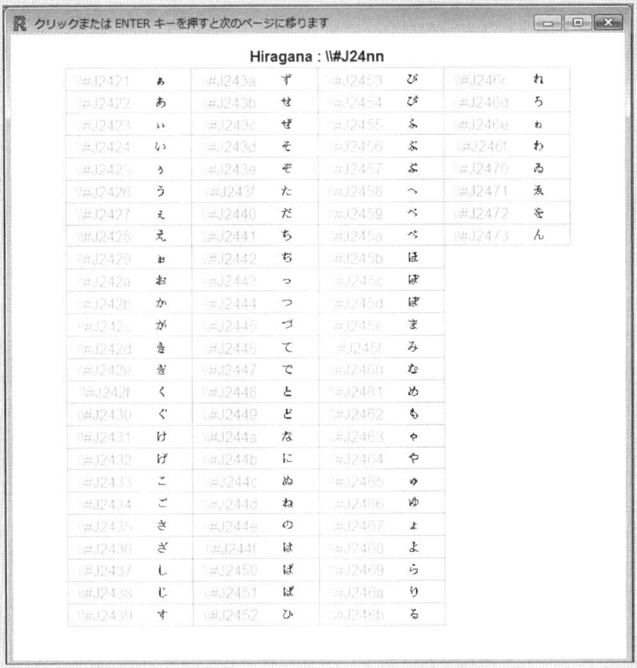

クリックまたは ENTER キーを押すと次のページに移ります

Hiragana : \\#J24nn

\\#J2421	ぁ	\\#J243a	ず	\\#J2453	び	\\#J246c	れ
\\#J2422	あ	\\#J243b	せ	\\#J2454	ぴ	\\#J246d	ろ
\\#J2423	ぃ	\\#J243c	ぜ	\\#J2455	ふ	\\#J246e	ゎ
\\#J2424	い	\\#J243d	そ	\\#J2456	ぶ	\\#J246f	わ
\\#J2425	ぅ	\\#J243e	ぞ	\\#J2457	ぷ	\\#J2470	ゐ
\\#J2426	う	\\#J243f	た	\\#J2458	へ	\\#J2471	ゑ
\\#J2427	ぇ	\\#J2440	だ	\\#J2459	べ	\\#J2472	を
\\#J2428	え	\\#J2441	ち	\\#J245a	ぺ	\\#J2473	ん
\\#J2429	ぉ	\\#J2442	ぢ	\\#J245b	ほ		
\\#J242a	お	\\#J2443	っ	\\#J245c	ぼ		
\\#J242b	か	\\#J2444	つ	\\#J245d	ぽ		
\\#J242c	が	\\#J2445	づ	\\#J245e	ま		
\\#J242d	き	\\#J2446	て	\\#J245f	み		
\\#J242e	ぎ	\\#J2447	で	\\#J2460	む		
\\#J242f	く	\\#J2448	と	\\#J2461	め		
\\#J2430	ぐ	\\#J2449	ど	\\#J2462	も		
\\#J2431	け	\\#J244a	な	\\#J2463	ゃ		
\\#J2432	げ	\\#J244b	に	\\#J2464	や		
\\#J2433	こ	\\#J244c	ぬ	\\#J2465	ゅ		
\\#J2434	ご	\\#J244d	ね	\\#J2466	ゆ		
\\#J2435	さ	\\#J244e	の	\\#J2467	ょ		
\\#J2436	ざ	\\#J244f	は	\\#J2468	よ		
\\#J2437	し	\\#J2450	ば	\\#J2469	ら		
\\#J2438	じ	\\#J2451	ぱ	\\#J246a	り		
\\#J2439	す	\\#J2452	ひ	\\#J246b	る		

このように、R ではいろいろな処理や描画が可能です。第 2 章以降で説明するように、「パッケージ」をインストールすることによって、機能を拡張することができます。R に慣れてきたら、ぜひいろんなことを試してみましょう！

Rで分析を始める前に データに異常値がないかを確認しよう

第２章では、分析を始める前に確認しておきたい「平均値」「中央値」「最大値」「最小値」といった基本統計量と呼ばれる値や、手元にあるデータの特徴を簡単に確認できる「ヒストグラム」について解説していきます！

 データに異常値がないかを確認する

さぁ、今日も散々苦労して分析を終え、考察も書き終えてホッと一息。帰り支度でもしようかなと思ったところで、ふと何かが頭をよぎります。

「(ぁ！)………。」
「この期間は、元のデータの100倍の数値が入っているので差し替えが必要
　なんだーー！」

迫る終電、止まる空調、手に汗握る……今晩もタクシー自腹か……。嫌な記憶がよみがえります。こんな状況は「絶対」に避けたいですよね。私も絶対に嫌です。

しかし、時間のない中でアレコレ焦ってはミスがミスを誘発してしまいます。そこでパッと、データに異常値がないかチェックできたら嬉しいと思いませんか？

できます！　できるのです！

そのためにこの章では、**「平均値」「中央値」「最大値」「最小値」**といった**基本統計量**と呼ばれる値や、手元にあるデータの特徴を簡単に確認できる「ヒストグラム」にチャレンジしていきます！

平均値：「全データを合計」して「データの数」で割った値。ちなみにExcelの関数ではaverage()。
中央値：「全データを小さい順番に並べた時に、ちょうど真ん中の値」。Excelではmedian()。
最大値：「全データ中で最も大きな値」。Excelではmax()。
最小値：「全データ中で最も小さな値」。Excelではmin()。

善は急げ！　さっそく平均値を計算

というわけで、第１章の「Rの起動と準備」（9ページ）を参考にして、同じサンプルデータ（sample.txt）を読み込みます。

さっそく、純広告のインプレッションの平均値を計算します。

```
mean(sample[,2:2])
```

と打ち込んでみましょう。

```
> mean(sample[,2:2])
[1] 80358.31
> |
```

と表示されますね。ここで、

```
sample[,2:2]
```

は、２列目の変数の値すべてを選択するという意味でした。続いて、

```
mean(sample[,3:3])

mean(sample[,4:4])

mean(sample[,5:5])
```

をそれぞれコピペして実行すると、以下のような結果になります。

```
> mean(sample[,2:2])
[1] 80358.31
> mean(sample[,3:3])
[1] 307.3333
> mean(sample[,4:4])
[1] 12.74074
> mean(sample[,5:5])
[1] 14.55556
> |
```

ちなみに変数を指定する時のやり方ですが、

```
mean(sample[,"純広告"])

mean(sample[,"リスティング"])

mean(sample[,"CV_純広告"])

mean(sample[,"CV_リスティング"])
```

```
> mean(sample[,"純広告"])
[1] 80358.31
> mean(sample[,"リスティング"])
[1] 307.3333
> mean(sample[,"CV_純広告"])
[1] 12.74074
> mean(sample[,"CV_リスティング"])
[1] 14.55556
> |
```

や、

```
mean(sample[,'純広告'])

mean(sample[,'リスティング'])

mean(sample[,'CV_純広告'])

mean(sample[,'CV_リスティング'])
```

のように、変数名をシングルクォーテションとダブルクォーテーションのどちらで囲んでもOKです。

補足ですがWordを使って作業をしていると、シングルクォーテーションやダブルクォーテーションが強制的に全角になる場合があります。Word 2010では「ファイル」→「オプション」→「文章校正」で「オートコレクトのオプション」をクリックし、「オートコレクト」タブで「' 'を' 'に変更する」のチェックを外すと解消されるようです。

と、ここまできて、ん……………。確かに平均値は計算できてるが「全然便利に感じない」。というか、列選択とかメンドイし、そろそろコンソールを閉じたい……ですよね。でも、閉じる前にコレを入力してみましょう！

```
summary(sample[,2:5])
```

```
> summary(sample[,2:5])
     純広告            リスティング        CV_純広告         CV_リスティング
 Min.   : 48507   Min.   :211.0   Min.   : 6.00   Min.   : 7.00
 1st Qu.: 69614   1st Qu.:268.5   1st Qu.: 9.25   1st Qu.:12.25
 Median : 76629   Median :310.0   Median :13.00   Median :15.00
 Mean   : 80358   Mean   :307.3   Mean   :12.74   Mean   :14.56
 3rd Qu.: 91464   3rd Qu.:351.5   3rd Qu.:16.00   3rd Qu.:17.00
 Max.   :128640   Max.   :406.0   Max.   :24.00   Max.   :27.00
> |
```

何やらまとめて一気に表示されました。「Min.」は最小値、「Mean」は平均値、「Max.」は最大値であることは想像できます。では「1st Qu.」「Median」「3rd Qu.」は？？？ 意味がわかりませんね。

なぜ統計量を確認する必要があるのか

Rが表示したのはどんなデータなのでしょうか。そのことを理解するために、ちょっと説明しますね。いま、仮に100人の人がいるとして、背が低い順番に並んでもらったとしましょう。先ほど出てきた言葉の意味は、それぞれ次のようになります。

- 1番目の最も背が低い人の身長が「Min.」つまり**最小値**
- 25番目の人の身長が「1st Qu.」であり**第1四分位**（つまり25%目の値）
- 50番目の人の身長が「Median」であり**中央値**（つまり50%目の値）
- 75番目の人の身長が「3rd Qu.」であり**第3四分位**（つまり75%目の値）
- 100番目の最も背が高い人の身長が「Max.」つまり**最大値**
- 100人の平均身長が「Mean」つまり**平均値**

最小値や中央値などを**「統計量」**と言いますが、なぜこうしたデータを確認する必要があるのでしょうか？

ちょっと大事なお話です。皆さんもご存知だと思いますが、データ分析に取り掛かる前に次のような観点からデータをチェックすることはとても大切です。

- 扱っているデータは本当に正しいか？
- 意図していない異常値が紛れ込んでいないか？

一生懸命分析して結論を導いたとしても、それが誤ったデータに基づくものであったのなら……。ちょっと想像したくないですね。と、いうわけで今回の数字を確認してみましょう！

```
   純広告
Min.    : 48507
1st Qu.: 69614
Median : 76629
Mean    : 80358
3rd Qu.: 91464
Max.    :128640
```

純広告のインプレッション数は、最小値が48,507回、最大値が128,640回でした。最小値の2.65倍のインプレッションが出ていたということになります。中央値（Median）と平均値（Mean）を比較してみると、平均値の方が約4,000回多くなっています。つまり、

1. インプレッション数が通常の状態と比較して極端に多い日があった
2. キャンペーン等で出稿を強化していた時期とそうでない時期があった

という可能性を示唆しています。ここで、第１章で描いた時系列の折れ線グラフを思い出してみましょう。

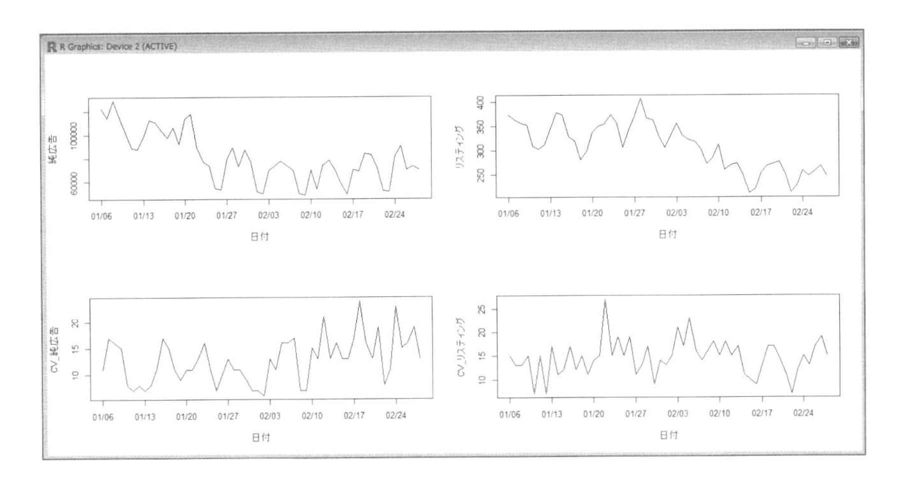

左上の「純広告」のグラフを見ると、純広告のインプレッション数は1/20までは高い傾向にありましたが、以降は減少しています。このことから、1/20までと1/20より後では平均値が異なっていることが伺えます。先ほどの推測の2が該当しそうです。

平均値、中央値、外れ値について

平均値（Mean）は**外れ値**（データの中で他の値から大きくはずれた値）の影響を受けやすい性質があります。

例えば、10人の年収の平均値を計算する時に飛び抜けて年収が高い人が1人入ってしまった場合、平均値は中央値（Median）よりも大きくなります。そうなると、**「この平均値が本当にグループの平均的な姿を表しているのか？」**という疑問が出ますよね。こういうデータの見方、とても重要です。

では、その他の変数についても確認していきましょう！　あらためてコマンド実行画面を見てみましょう。

```
> summary(sample[,2:5])
     純広告          リスティング      CV_純広告       CV_リスティング
 Min.   : 48507   Min.   :211.0   Min.   : 6.00   Min.   : 7.00
 1st Qu.: 69614   1st Qu.:268.5   1st Qu.: 9.25   1st Qu.:12.25
 Median : 76629   Median :310.0   Median :13.00   Median :15.00
 Mean   : 80358   Mean   :307.3   Mean   :12.74   Mean   :14.56
 3rd Qu.: 91464   3rd Qu.:351.5   3rd Qu.:16.00   3rd Qu.:17.00
 Max.   :128640   Max.   :406.0   Max.   :24.00   Max.   :27.00
> |
```

リスティングでは中央値と平均値に大きな違いはないようです。続いて最小値、最大値も見ておきましょう。

コンバージョン数を表す、CV_純広告、CV_リスティングを比較すると、中央値、平均値ともに2回ほどリスティングの方のコンバージョン数が多いことが示されています。また、それぞれの最大値を最小値で割ると（24 ÷ 6=4, 27 ÷ 7=3.857…）、4倍ほどの開きがあることが確認できます。

うーん、なんというか細かい数値はわかったが……直観的にも確認してみたいですよね！ね！　というわけで以下のコードをコピペしてみましょう。

```
par(mfrow=c(2,2))

hist(sample$純広告)

hist(sample$リスティング)

hist(sample$CV_純広告)

hist(sample$CV_リスティング)
```

一番上の

```
par(mfrow=c(2,2))
```

は、2 × 2のグラフを書く準備でしたね（第1章20ページ参照）。実行してみると……　お！　なにやらまた新たなグラフが描かれました！

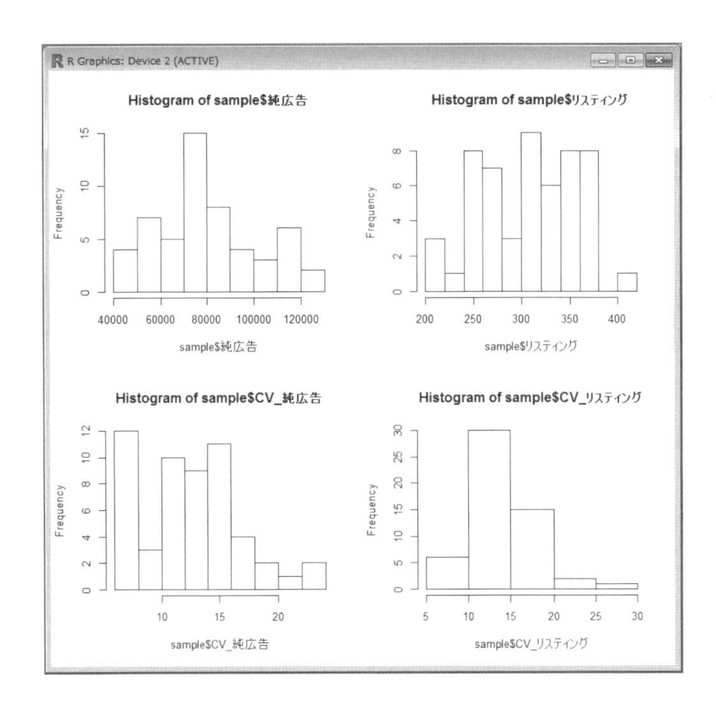

新キャラ登場！ その名は「ヒストグラム」！

先ほど表示されたのは、**ヒストグラム**というグラフです。横軸は各変数の値、縦軸はその回数……なのですが、ちょっとわかりにくいですね。1つずつ説明しましょう。

純広告のヒストグラム

純広告のヒストグラムを見てください。

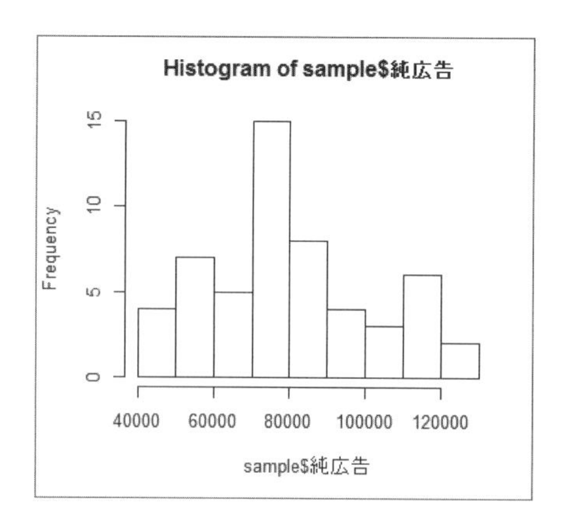

全部で9つの棒があります。横軸はインプレッション数を表します。最小値は40,000回、最大値は120,000回。となると、このグラフが表すインプレッションの範囲は以下のようになります。

120,000 － 40,000 ＝ 80,000回

横軸からはみ出している、右端の一番短い棒を除いてみると、棒は8本あります。

80,000 ÷ 8=10,000回

となりますので、1つの棒は10,000回の幅を示していることがわかります。縦軸はこのグラフの場合、該当するインプレッション数を示した日数を表します。

1番目、40,000<=　日数　<50,000
2番目、50,000<=　日数　<60,000
3番目、60,000<=　日数　<70,000
…
8番目、110,000<= 日数　<120,000

最後は

9番目、120,000<= 日数

となります。

最も日数が多いのは左から4番目、70,000<= 日数　<80,000 ですね。純広告のインプレッションの中央値は76,629回ですのでこの範囲に入っていますが、平均値は80,358回ですので隣の範囲に入っています。先ほど、中央値と平均値を確認した時に広告出稿を強化していた時期とそうでない時期があったのでは？ と考えました。

ヒストグラムでこれを確認しましょう。

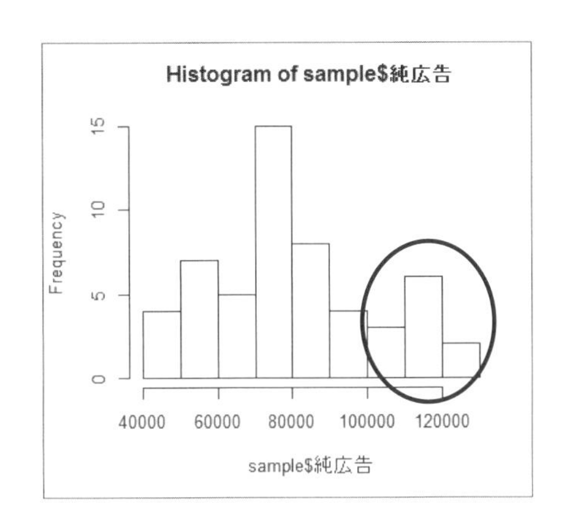

4番目、70,000<=　日数　<80,000

の山の他に値が大きいところはないか見てみると、

8番目、110,000<= 日数　<120,000

を中心に小さい山の形状が確認できますね。

リスティングのヒストグラム

では、リスティングはどうでしょうか？

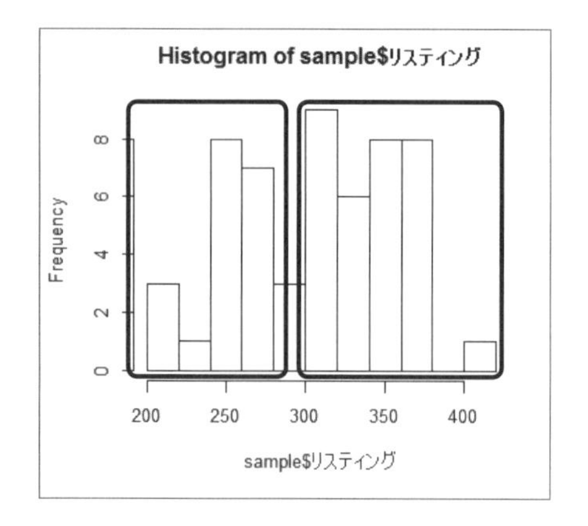

2つの山があるような……気がしなくもないですね。時系列の折れ線グラフでは後半に向けて下がってそこで安定していました。

純広告のコンバージョン

では、続いて純広告のコンバージョンに移ります。

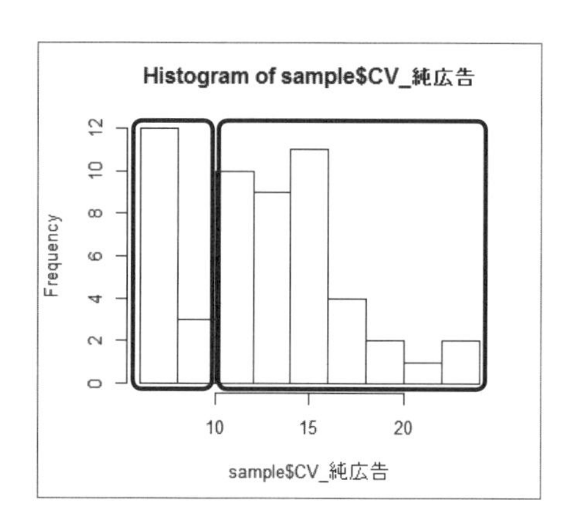

コンバージョンが取れている山と取れていない山に分かれているようです。左側のコンバージョンが取れていない山を見ると、コンバージョンが10件未満の日は計15日あることが読み取れます。

リスティングのコンバージョン

次はリスティングのコンバージョンです。

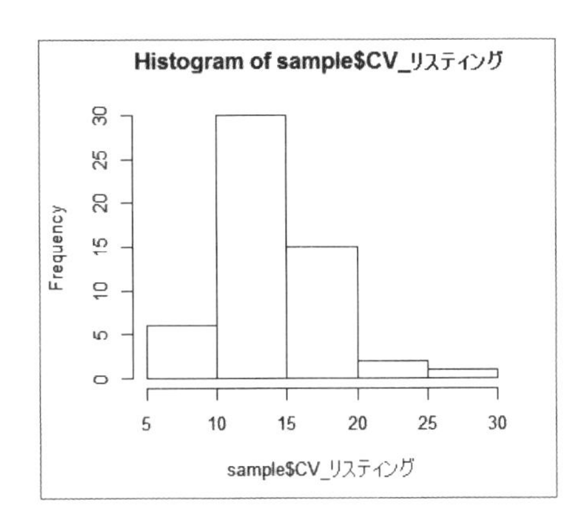

山は1つのようですね。10件以上15件未満の日が最も多いです。
では、ここまでグラフを観察して読み取れた内容を総括しておきましょう。

1. 純広告、リスティングは出稿を強化した時期とそうでない時期がありそうだ。
2. 純広告のコンバージョンは取れない時は10件未満となっていた。
3. リスティングのコンバージョンは、ほぼ10件以上20件未満の範囲にある。

昭和的なヒストグラムをカラフルに！

ところで、このヒストグラムですが、ちょっと古めかしい感じですよね。昭和的というか。そこで色を付けたり、軸の名前を付けてみましょう！

```
par(mfrow=c(2,2))

hist(sample[,2:2],col="red",main="純広告",xlab="インプレッション数",ylab="日数")

hist(sample[,3:3],col="yellow",main="リスティング",xlab="クリック数",➡
ylab="日数")

hist(sample[,4:4],col="blue",main="純広告CV",xlab="CV数",ylab="日数")

hist(sample[,5:5],col="green",main="リスティングCV",xlab="CV数",ylab="日数")
```

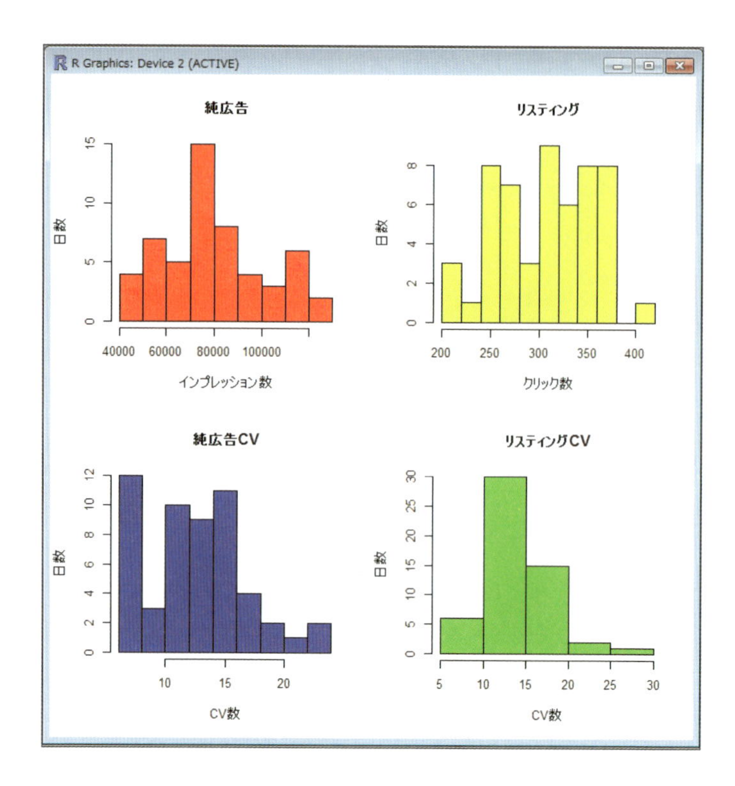

なんだかカラフルになりました！　でも、色が濃すぎて見にくいグラフもありますね。もう少し違う色を試してみましょう。

```
par(mfrow=c(2,2))

hist(sample[,2:2],col="gray",main="純広告",xlab="インプレッション数",➡
ylab="日数")

hist(sample[,3:3],col="lightblue",main="リスティング",xlab="クリック数",➡
ylab="日数")

hist(sample[,4:4],col=" violet",main="純広告CV",xlab="CV数",ylab="日数")

hist(sample[,5:5],col=" orange",main="リスティングCV",xlab="CV数",ylab="日数")
```

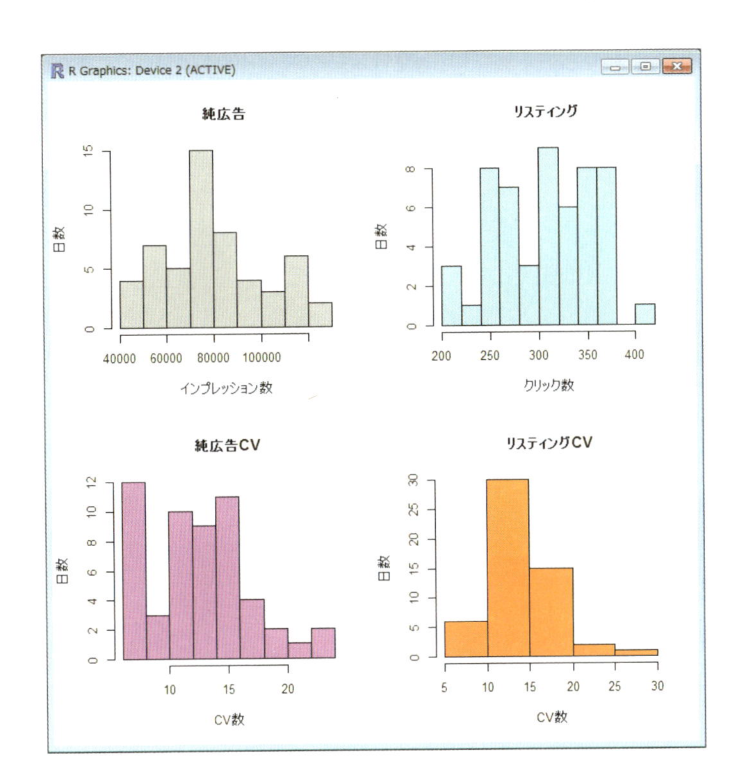

パステルカラーっぽいカラーバリエーション。いいですね。見やすいです。

このようにRのグラフを描く関数にはさまざまなオプションが用意されています。詳細は、以下のように打ち込むと表示されます。興味のある方はご確認くださいませ。

```
help(hist)
```

分割する範囲を変更する

さてさて、上のグラフでは、1つの棒グラフの範囲はインプレッション数10,000回単位で分割していました。この分割する範囲を変更すると、当然ヒストグラムの形状も変わってきます。Rでは次の3つの分割方法が用意されています（コマンドは4つありますが、3つ目と4つ目は同じ方法の別表記です）。

```
breaks="sturges"   ←指定しなかった場合はコチラが選ばれます。

breaks="scott"

breaks="FD"                    ┐
                               ├ この2つは同じ方法の別表記です。
breaks="Freedman-Diaconis"     ┘
```

では、それぞれの分割方法について簡単に説明しましょう。

- breaks="sturges"：スタージェスの公式。データの個数に依存して分割数を決定。分割方法を指定しなかった場合はこれが選ばれます。
- breaks="scott"：スコットの選択。データのばらつきの指標（**標準偏差**）を考慮。
- breaks="FD"：フリードマン＝ダイアコニス（Freedman-Diaconis）の選択。四分位範囲を考慮。
- breaks="Freedman-Diaconis"：同上。

試しに２つ試してみましょう。最初はscottです。

```
par(mfrow=c(2,2))

hist(sample[,2:2],col="gray",main="純広告",xlab="インプレッション数",➡
ylab="日数",breaks="scott")

hist(sample[,3:3],col="lightblue",main="リスティング",xlab="クリック数",➡
ylab="日数",breaks="scott")

hist(sample[,4:4],col=" violet",main="純広告CV",xlab="CV数",➡
ylab="日数",breaks="scott")

hist(sample[,5:5],col=" orange",main="リスティングCV",xlab="CV数",➡
ylab="日数",breaks="scott")
```

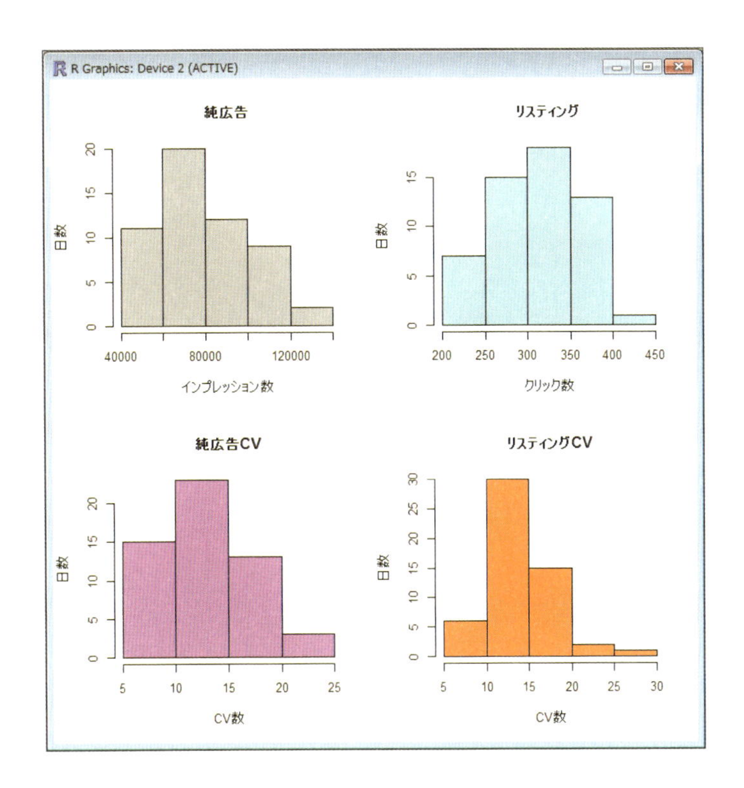

棒グラフの数が変わりました。次にFDを試してみましょう。

```
par(mfrow=c(2,2))

hist(sample[,2:2],col="gray",main="純広告",xlab="インプレッション数",➡
ylab="日数",breaks="FD")

hist(sample[,3:3],col="lightblue",main="リスティング",xlab="クリック数",➡
ylab="日数",breaks="FD")

hist(sample[,4:4],col="violet",main="純広告CV",xlab="CV数",➡
ylab="日数",breaks="FD")

hist(sample[,5:5],col="orange",main="リスティングCV",xlab="CV数",➡
ylab="日数",breaks="FD")
```

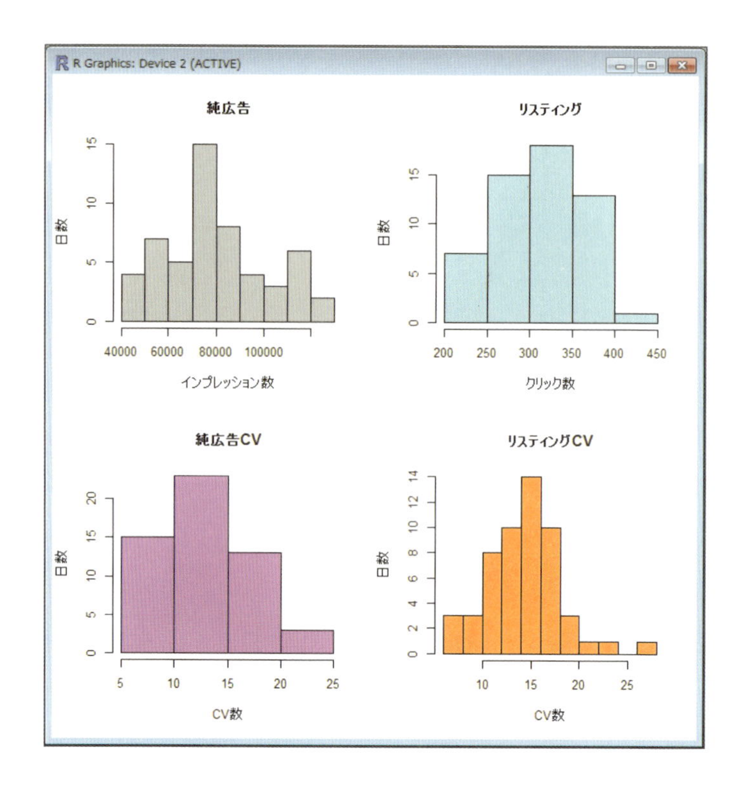

それぞれの分割方法でヒストグラムの形状が変わったことが確認できたでしょうか？　同じ純広告のインプレッション数に対して、3つの分割方法を適用してみましょう。

```
par(mfrow=c(2,2))

hist(sample[,2:2],col="gray",main="純広告sturges",xlab="インプレッション数",➡
ylab="日数",breaks="sturges")

hist(sample[,2:2],col="gray",main="純広告scott",xlab="インプレッション数",➡
ylab="日数",breaks="scott")

hist(sample[,2:2],col="gray",main="純広告FD",xlab="インプレッション数",➡
ylab="日数",breaks="FD")

hist(sample[,2:2],col="gray",main="純広告Free…",xlab="インプレッション数",➡
ylab="日数",breaks="Freedman-Diaconis")
```

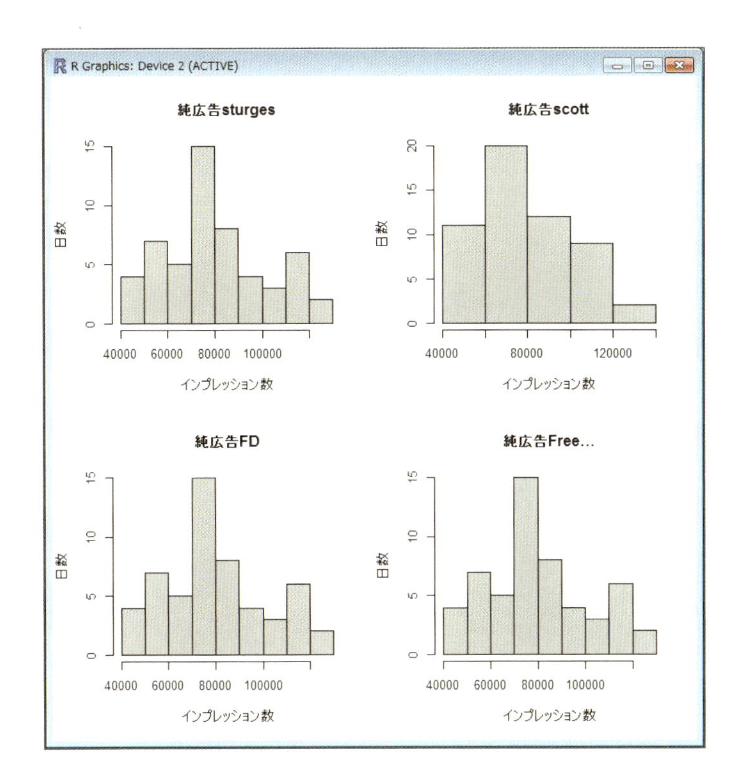

scott 以外は大きく形状が変わらないようですね。まずは、いろいろ試して確認することをオススメします。

さて最後に、棒グラフの内部と枠線を同じ色にする方法を紹介しましょう。

```
par(mfrow=c(2,2))

hist(sample[,3:3],col="lightblue",main="リスティング sturges",➡
xlab="クリック数",ylab="日数",breaks="sturges",border="lightblue")

hist(sample[,3:3],col="lightblue",main="リスティングscott",➡
xlab="クリック数",ylab="日数",breaks="scott",border="lightblue")

hist(sample[,3:3],col="lightblue",main="リスティングFD",xlab="クリック数",➡
ylab="日数",breaks="FD",border="lightblue")

hist(sample[,3:3],col="lightblue",main="リスティングFree…",➡
xlab="クリック数",ylab="日数",breaks="Freedman-Diaconis",border="lightblue")
```

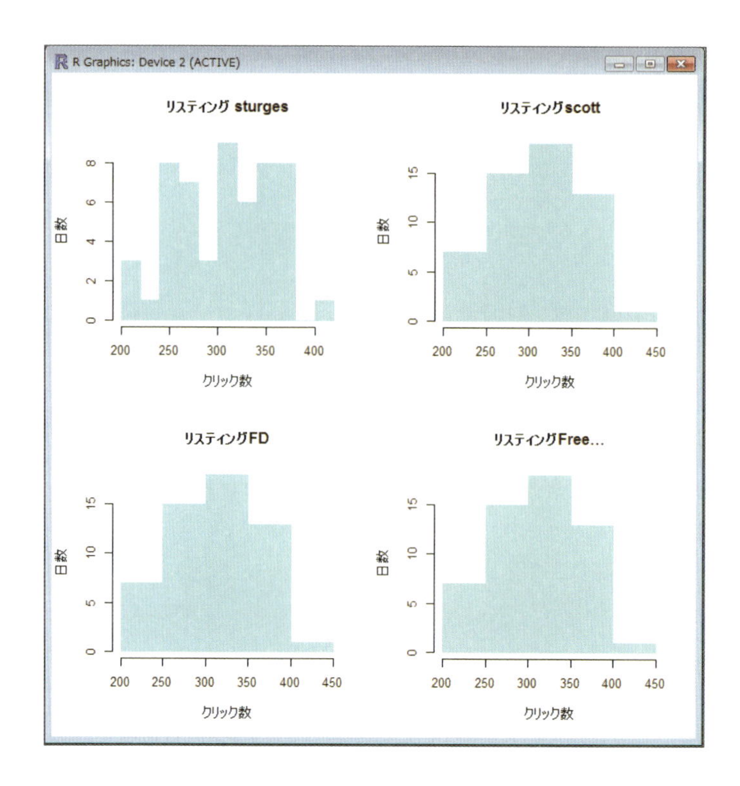

まとめ

この章では、平均値、中央値、四分位（25%、75%）、最小値、最大値といったデータの解釈とヒストグラムによる視覚化を行いました。気付かれた方もいらっしゃるかもしれませんが、あえてプログラムの中で変数の指定方法を変えたりしています。一歩一歩、慣れて頂けたら幸いです。

時系列データを分析すると何がわかる？

時系列分析を使ったデータ分解で「変動要因」の特定に挑戦！

第３章では時系列データの取り扱い、箱ひげ図と時系列分析を利用したデータの分解について紹介します。

 時系列データとは

さてさて、第３章に入りました。徐々に突っ込んでカコヨスかつ実践的な内容を盛り込んでいきたいと思います。脱線ばかりしていると編集者にばっさり削除されてしまいますので、前置きはこれくらいにしてさっそく始めましょう！

今回のテーマは**「時系列データ」**の取り扱いです。１章と２章で使っていたデータも時系列データです。日付順に純広告のインプレッション数やコンバージョン数などが並んでいましたね。もちろん、日次でなくとも、月次や四半期ごとに集計されて時間順に並んでいるのであれば時系列データです。

時系列データを扱う際のポイントは**「データがきちんとそろっていること」**。具体的には2014年１月１日のデータがあったとして、純広告のインプレッションはきちんとそろっているものの、純広告のコンバージョンは午前中のデータが欠けていて午後のデータしかなかった、とかいうのはダメです。**ダメ絶対。**できる限りきちんと整合性の取れたデータを集めましょう。

 時系列データ取り扱いのポイント

時系列分析を活用すると**データを分解することができます。**

例えば、ある売上高のデータ系列が2014/1/1〜2014/6/30まで日別であったとしましょう。この時期にあった大きなイベントは……？　そうです。消費税増税ですね。買い置きができる商品であれば、3月に「一時的」な売上の増加があったかもしれません。また、平日よりも週末に売れる傾向がある商品を見つけることができるかもしれません。

本章で取り上げる時系列分析を使うと、データを次の３つに分解できます。

1. 一時的なノイズ
2. 曜日などの周期的な動き
3. トレンド

これらについては章の後半で紹介します。まずは、いつものようにサンプルデータを読み込んでおきましょう。これまでは「ファイル」→「ディレクトリの変更」で読み込むファイルのフォルダを指定していましたが、以下のようにファイルのパスをすべて指定することもできます。

```
sample<-read.table("c:/data/sample.txt",header=T)
```

第1章で確認したように、純広告、リスティング、CV_純広告、CV_リスティングの4系列で規則的な上下の振幅が確認できました。

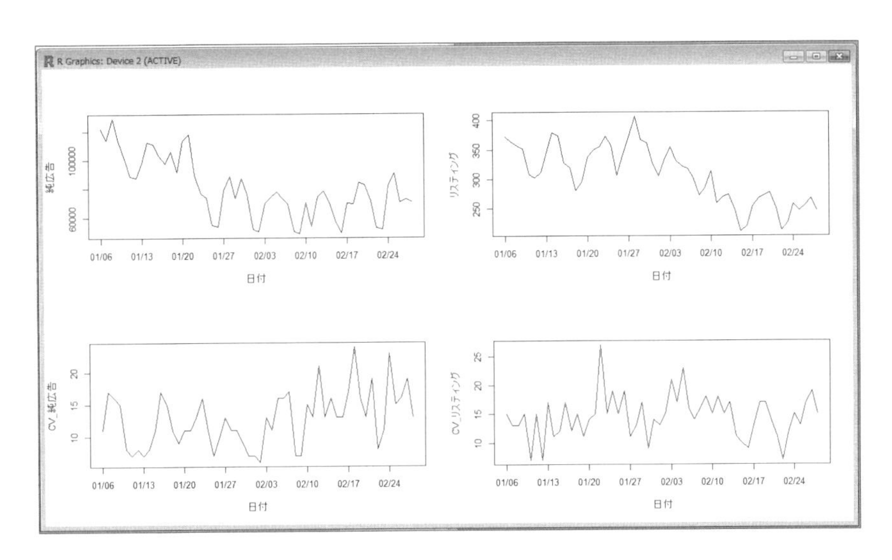

この規則的な振幅について確認していきましょう。

曜日情報を整理する

まずは、データに曜日情報を追加します。

```
youbi1 <- weekdays(as.Date(sample$DATE))
```

as.Dateとweekdays関数を使うことで、曜日情報youbi1を作成することができます。

```
head(sample$DATE)

head(youbi1)
```

と打ってみましょう。

```
> youbi1 <- weekdays(as.Date(sample$DATE))
> head(sample$DATE)
[1] 2014/1/6  2014/1/7  2014/1/8  2014/1/9  2014/1/10 2014/1/11
54 Levels: 2014/1/10 2014/1/11 2014/1/12 2014/1/13 2014/1/14 ... 2014/2/9
> head(youbi1)
[1] "月曜日" "火曜日" "水曜日" "木曜日" "金曜日" "土曜日"
```

2014/1/6は月曜日、2014/1/7は火曜日……となっています。おぉ、なんて簡単。自画自賛。作成した曜日情報を元データに追加しましょう。

```
sample2<-transform(sample,youbi1=youbi1)

sample2
```

```
> sample2<-transform(sample,youbi1=youbi1)
> sample2
        DATE 純広告 リスティング CV_純広告 CV_リスティング       DATE2 youbi1
1   2014/1/6 122067          373       11             15 2014-01-06 月曜日
2   2014/1/7 114137          364       17             13 2014-01-07 火曜日
3   2014/1/8 128640          357       16             13 2014-01-08 水曜日
4   2014/1/9 113522          352       15             15 2014-01-09 木曜日
5  2014/1/10 100794          308        8              7 2014-01-10 金曜日
6  2014/1/11  88473          303        7             15 2014-01-11 土曜日
7  2014/1/12  87768          312        8              7 2014-01-12 日曜日
8  2014/1/13  98202          346        7             17 2014-01-13 月曜日
9  2014/1/14 112450          378        8             11 2014-01-14 火曜日
10 2014/1/15 110696          374       11             12 2014-01-15 水曜日
11 2014/1/16 103128          328       17             17 2014-01-16 木曜日
12 2014/1/17  97714          319       15             12 2014-01-17 金曜日
```

右端に「youbi1」という名前で変数が追加されていますね。

 曜日別にデータの特徴を確認する

では、曜日別にデータの特徴を確認してみましょう。こんな時はtapplyを使うと便利です。

```
tapply(sample2$純広告,sample2$youbi1,mean)
```

上のコマンドは、純広告のインプレッションについて、youbi1 ごとに mean (平均値) を計算しなさい、という意味です。すると、曜日別に平均値が出力されました！！

```
> tapply(sample2$純広告,sample2$youbi1,mean)
  火曜日   金曜日   月曜日   水曜日   土曜日   日曜日   木曜日
89913.38 78678.25 87951.62 88512.88 65681.86 61606.29 85985.38
> |
```

って、アレ？　なんか変だな。おいおい。順番が火曜日、金曜日、月曜日、水曜日、土曜日、日曜日、木曜日ってなってますね。なんのこっちゃ。

念のため、データの概要 summary も表示させてみましょう。

```
by(sample2[2:5],sample2$youbi1,summary)
```

```
> by(sample2[2:5],sample2$youbi1,summary)
sample2$youbi1: 火曜日
     純広告            リスティング      CV_純広告       CV_リスティング
 Min.   : 53144   Min.   :247.0   Min.   : 8.00   Min.   :11.00
 1st Qu.: 72501   1st Qu.:265.8   1st Qu.:11.00   1st Qu.:13.00
 Median : 89625   Median :340.5   Median :12.00   Median :14.00
 Mean   : 89913   Mean   :325.4   Mean   :13.75   Mean   :14.62
 3rd Qu.:112872   3rd Qu.:367.5   3rd Qu.:15.50   3rd Qu.:17.00
 Max.   :117652   Max.   :406.0   Max.   :24.00   Max.   :18.00
-------------------------------------------------------------------
sample2$youbi1: 金曜日
     純広告            リスティング      CV_純広告       CV_リスティング
 Min.   : 69369   Min.   :247.0   Min.   : 7.00   Min.   : 7.00
 1st Qu.: 70246   1st Qu.:250.0   1st Qu.:10.25   1st Qu.:11.00
 Median : 72604   Median :305.0   Median :14.00   Median :13.00
 Mean   : 78678   Mean   :294.9   Mean   :13.25   Mean   :12.88
 3rd Qu.: 81678   3rd Qu.:321.2   3rd Qu.:16.25   3rd Qu.:14.25
 Max.   :100794   Max.   :357.0   Max.   :19.00   Max.   :19.00
-------------------------------------------------------------------
sample2$youbi1: 月曜日
     純広告            リスティング      CV_純広告       CV_リスティング
 Min.   : 69890   Min.   :254.0   Min.   : 7.00   Min.   :11.00
 1st Qu.: 70049   1st Qu.:299.2   1st Qu.:11.00   1st Qu.:13.75
 Median : 80090   Median :342.0   Median :13.00   Median :15.00
 Mean   : 87952   Mean   :326.0   Mean   :13.75   Mean   :15.12
 3rd Qu.:101965   3rd Qu.:359.0   3rd Qu.:15.50   3rd Qu.:15.50
 Max.   :122067   Max.   :373.0   Max.   :23.00   Max.   :21.00
-------------------------------------------------------------------
```

やっぱり曜日の順番がおかしいです。でも、ここで諦めてはなりません。諦めたらそこでR終了です。曜日の前に数字を付けて、表示順序を修正してあげましょう。

```
youbi2=as.POSIXlt(sample$DATE)$wday

youbi2
```

上記のコマンドを入力して、曜日を順番に並べるための情報を作成します。すると、以下のように表示されました。行頭の[1]や[37]は、行頭のデータが何番目かを示しています。

```
> youbi2=as.POSIXlt(sample$DATE)$wday
> youbi2
 [1] 1 2 3 4 5 6 0 1 2 3 4 5 6 0 1 2 3 4 5 6 0 1 2 3 4 5 6 0 1 2 3 4 5 6 0 1
[37] 2 3 4 5 6 0 1 2 3 4 5 6 0 1 2 3 4 5
> |
```

youbi1と対応させると、月曜日 =1、火曜日 =2、水曜日 =3、木曜日 =4、金曜日 =5、土曜日 =6、日曜日 =0となります。こうすることで、数字の順番に曜日がきちんと並んでくれます。この場合、日曜日が0で先頭になりますが、筆者の個人的な趣味では土日は並んでいた方が見やすいと思いますので、もう一工夫を。

```
youbi2 <- ifelse(youbi2==0, 7, youbi2)
```

と入力して確認。日曜日 =0だったものが、日曜日 =7に変更できています！

```
> youbi2 <- ifelse(youbi2==0, 7, youbi2)
> youbi2
 [1] 1 2 3 4 5 6 7 1 2 3 4 5 6 7 1 2 3 4 5 6 7 1 2 3 4 5 6 7 1 2 3 4 5 6 7 1
[37] 2 3 4 5 6 7 1 2 3 4 5 6 7 1 2 3 4 5
> |
```

ifelseの右横にあるカッコ内には、カンマ（,）で区切られた3つの変数があります。

```
ifelse( [1] , [2] , [3] )
```

先ほどのコマンドの意味を説明するとこうなります。

```
ifelse(youbi2==0, 7, youbi2)
```

- youbi2==0　　youbi2の数値が0つまり日曜日だったら、
- 7　　0を7に置き換えて、

- youbi2　　そうでなければそのままの youbi2 の数値を使いましょう。

これは、Excel の IF 関数に似ていますね。では、いま作った数値 youbi2 と先ほどの曜日情報 youbi1 をくっつけて youbi を作りましょう。

```
youbi=paste(youbi2,youbi1)

youbi
```

```
> youbi=paste(youbi2,youbi1)
> youbi
 [1] "1 月曜日" "2 火曜日" "3 水曜日" "4 木曜日" "5 金曜日" "6 土曜日"
 [7] "7 日曜日" "1 月曜日" "2 火曜日" "3 水曜日" "4 木曜日" "5 金曜日"
[13] "6 土曜日" "7 日曜日" "1 月曜日" "2 火曜日" "3 水曜日" "4 木曜日"
[19] "5 金曜日" "6 土曜日" "7 日曜日" "1 月曜日" "2 火曜日" "3 水曜日"
[25] "4 木曜日" "5 金曜日" "6 土曜日" "7 日曜日" "1 月曜日" "2 火曜日"
[31] "3 水曜日" "4 木曜日" "5 金曜日" "6 土曜日" "7 日曜日" "1 月曜日"
[37] "2 火曜日" "3 水曜日" "4 木曜日" "5 金曜日" "6 土曜日" "7 日曜日"
[43] "1 月曜日" "2 火曜日" "3 水曜日" "4 木曜日" "5 金曜日" "6 土曜日"
[49] "7 日曜日" "1 月曜日" "2 火曜日" "3 水曜日" "4 木曜日" "5 金曜日"
> |
```

```
[3] =paste( [1] , [2] )
```

というのは、**[1]**と**[2]**をくっつけて**[3]= "[1] [2]"** という新しい変数を作成するおまじないです。最後に次のように入力してみましょう。

```
sample3<-transform(sample,youbi=youbi)

head(sample3)
```

```
> sample3<-transform(sample,youbi=youbi)
> head(sample3)
       DATE 純広告 リスティング CV_純広告 CV_リスティング    youbi
1  2014/1/6 122067          373        11              15 1 月曜日
2  2014/1/7 114137          364        17              13 2 火曜日
3  2014/1/8 128640          357        16              13 3 水曜日
4  2014/1/9 113522          352        15              15 4 木曜日
5 2014/1/10 100794          308         8               7 5 金曜日
6 2014/1/11  88473          303         7              15 6 土曜日
> |
```

苦労して作成した数値付の曜日情報（youbi）を元データに追加できました！

```
tapply(sample3$純広告,sample3$youbi,mean)
```

```
> tapply(sample3$純広告,sample3$youbi,mean)
1 月曜日 2 火曜日 3 水曜日 4 木曜日 5 金曜日 6 土曜日 7 日曜日
87951.62 89913.38 88512.88 85985.38 78678.25 65681.86 61606.29
> |
```

先ほどは曜日の並びがバラバラでしたが、今度は大丈夫ですね。最後にできあがったデータ（sample2 と sample3）を比較してみましょう！

```
sample2

sample3
```

```
> sample2
        DATE 純広告 リスティング CV_純広告 CV_リスティング youbi1
1   2014/1/6 122067          373        11              15 月曜日
2   2014/1/7 114137          364        17              13 火曜日
3   2014/1/8 128640          357        16              13 水曜日
4   2014/1/9 113522          352        15              15 木曜日
5  2014/1/10 100794          308         8               7 金曜日
6  2014/1/11  88473          303         7              15 土曜日
7  2014/1/12  87768          312         8               7 日曜日
8  2014/1/13  98202          346         7              17 月曜日
9  2014/1/14 112450          378         8              11 火曜日
10 2014/1/15 110696          374        11              12 水曜日
11 2014/1/16 103128          328        17              17 木曜日
12 2014/1/17  97714          319        15              12 金曜日
```

```
> sample3
        DATE 純広告 リスティング CV_純広告 CV_リスティング    youbi
1   2014/1/6 122067          373        11              15 1 月曜日
2   2014/1/7 114137          364        17              13 2 火曜日
3   2014/1/8 128640          357        16              13 3 水曜日
4   2014/1/9 113522          352        15              15 4 木曜日
5  2014/1/10 100794          308         8               7 5 金曜日
6  2014/1/11  88473          303         7              15 6 土曜日
7  2014/1/12  87768          312         8               7 7 日曜日
8  2014/1/13  98202          346         7              17 1 月曜日
9  2014/1/14 112450          378         8              11 2 火曜日
10 2014/1/15 110696          374        11              12 3 水曜日
11 2014/1/16 103128          328        17              17 4 木曜日
12 2014/1/17  97714          319        15              12 5 金曜日
```

sample3 の方には、曜日の横に番号が振ってあるのがわかります。しかし、なんか地味かつメンドクサイですね。曜日ごとに平均値がサクッと計算できるのは確かに便利っちゃー便利ではありますが！　もうちょっと、チャチャッとできる方法はないもんですかね。

箱ひげ図でデータの範囲を確認する

便利な方法ありますよー。次は「**箱ひげ図**」を取り上げます。英語では

「**boxplot（ボックスプロット）**」と言います。さっそく純広告のインプレッションの箱ひげ図を描いてみましょう。

```
boxplot(sample3$純広告,main="純広告")
```

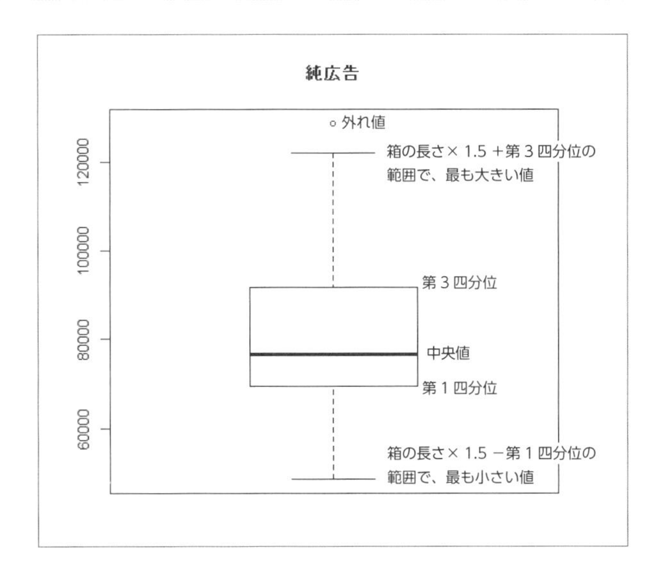

箱ひげ図を確認すると、**データが存在している範囲が一目でわかります。**第1四分位とか中央値は第2章で説明しました。ちなみに「箱の長さ× 1.5+ 第3四分位」、「箱の長さ× 1.5 －第1四分位」の部分を「ヒゲ」と呼びます。

というわけで、先ほど作成した曜日情報を活用して箱ひげ図を作成します。

```
par(mfrow=c(2,2))

boxplot(sample3$純広告~sample3$youbi,main="純広告")

boxplot(sample3$リスティング~sample3$youbi,main="リスティング")

boxplot(sample3$CV_純広告~sample3$youbi,main="CV_純広告")

boxplot(sample3$CV_リスティング~sample3$youbi,main="CV_リスティング")
```

それでは、純広告のインプレッションとコンバージョン（CV）の中央値から見ていきましょう。

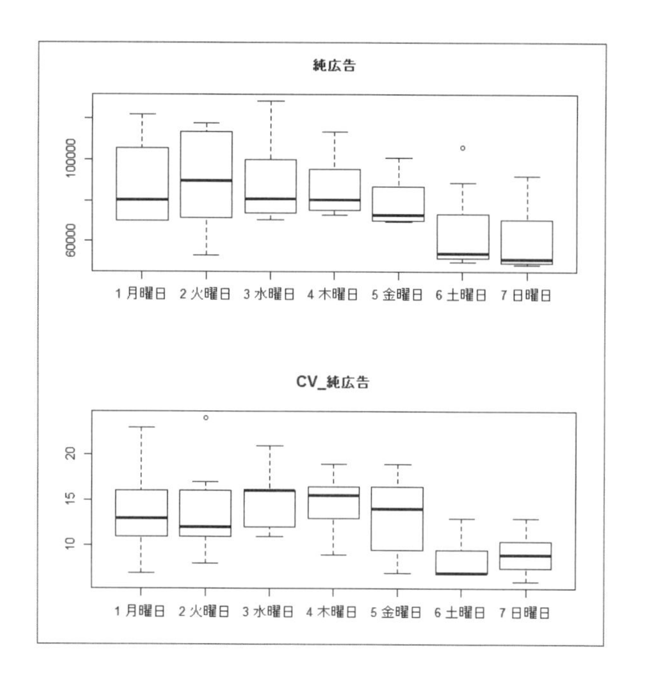

土曜日、日曜日は平日と比較して明らかに数値が低いことが示されています。つまりこれは、第１章で描いた折れ線グラフの底にあたる曜日であると考えられます。また、上のヒゲと下のヒゲの幅は、インプレッションでは火曜日が大きく、CVでは月曜日が大きいですね。

一方、リスティングでは、クリックの中央値は土曜日、日曜日はやや低い傾向にありますが、CVはそこまで差はないようです。

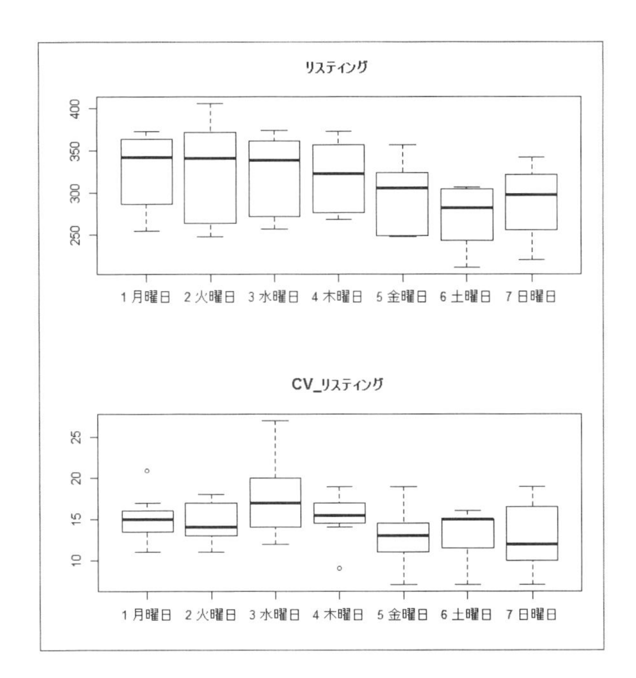

ちなみに昭和っぽい色味のグラフをカラフルにするには、border= や col= の後で色を指定することでできます！

```
par(mfrow=c(2,2))

boxplot(sample3$純広告~sample3$youbi,main="純広告", border = "red",➡
col=" magenta ")

boxplot(sample3$リスティング~sample3$youbi,main="リスティング",➡
border=" darkgreen ",col= "lightyellow")

boxplot(sample3$CV_純広告~sample3$youbi,main="CV_純広告",border="blue",➡
col=" pink ")

boxplot(sample3$CV_リスティング~sample3$youbi,main="CV_リスティング",➡
border=" lightgreen",col="green")
```

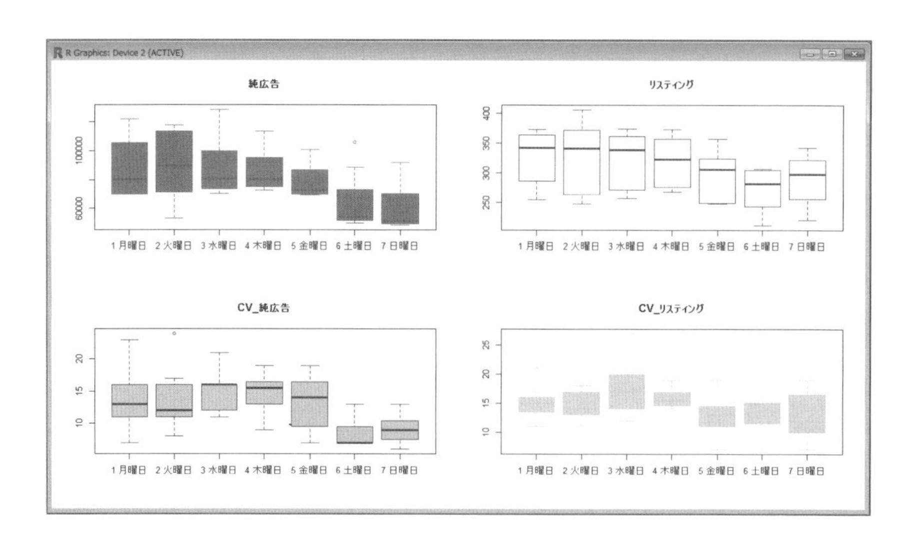

時系列分析を使ってデータを分解する

いよいよ最初にお話したデータの分解を行ってみましょう。まずは、R に**データの周期**を認識してもらう必要があります。今回のデータは日次データで、週の周期性があります。

```
ts_sample<-ts(sample3,frequency=7)
```

ここでは、ts という関数の中で frequency（周期性）が 7 日であると設定します。純広告のインプレッションについて分解を行う場合、そのデータは ts_sample の中の 2 列目にあるので

```
decomp_純広告<-decompose(ts_sample[,2])
```

のように設定します（これまで使っていた「ts_sample$ 純広告」という指定方法は、ts 関数を使った後はエラーになってしまうのでご注意ください）。

時系列分析の 1 つである DECOMP という手法を使うと、データを次の 3 つに分解できます。

1. 一時的なノイズ
2. 周期的な動き
3. トレンド

DECOMP は decomposition（分解）の略。R では decompose 関数を使います。では、純広告のインプレッションのデータがどのように分解されたか見てみましょう。

```
plot(decomp_純広告)
```

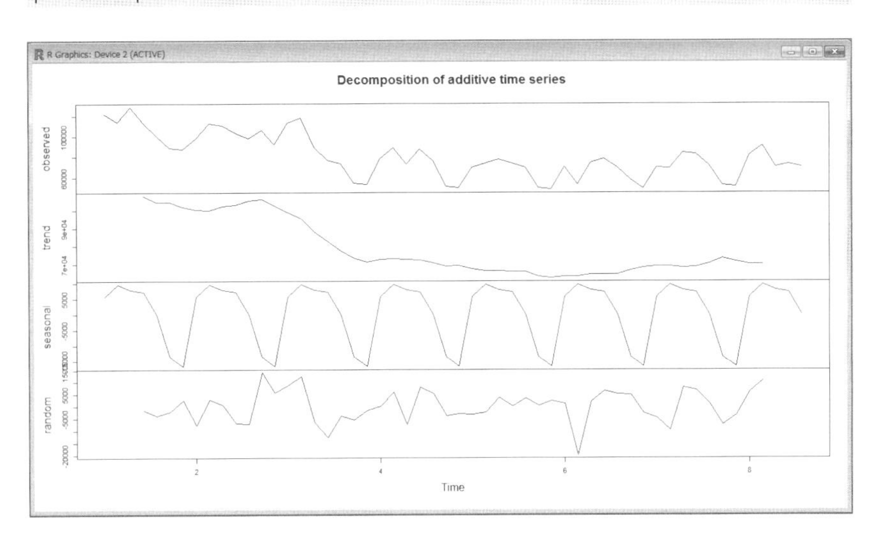

あまりにもアッサリ分解できてしまいました……。このグラフの見方ですが、一番上の「observed」は元のデータ、つまりここでは純広告のインプレッションです。「trend」はトレンド、「seasonal」は周期的な動き、「random」は一時的なノイズを表現しています。

つまり observed=trend+seasonal+random となっているのです。

箱ひげ図で確認した曜日の周期的な動きについては seasonal で表現されています。ちなみに、これらの結果を使用したい場合には次のように設定することで活用できます！

```
trend<-decomp_純広告$trend

seasonal<-decomp_純広告$seasonal

random<-decomp_純広告$random

result<-cbind(trend,seasonal,random)
```

ここでは、resultにデータをまとめています。このdecomposeの結果にあるトレンドを見ることで、周期的／一時的なノイズ以外でどのような動きになっているかをカンタンに確認することができます。マーケティング分野においても使い勝手が良いのではないでしょうか？

 まとめ

この章では、少し突っ込んだデータの加工と時系列分析の一部をご紹介しました。はじめはちょっと面倒でも、Rのプログラムでデータの整形や加工をしておくと、

1. 同じ処理が必要な時にすぐ使えて便利！
2. 手作業が減る！
3. ミスも減る！

と良いこと尽くめなのです。しかもどんな処理を行っているかプログラムさえ理解できれば、業務の引継もラク！　ぜひ、無骨なコンソールに負けずに前進していきましょう。

本章の後半では、曜日別の箱ひげ図に続いて、時系列分析という分野で広く知られているデータの分解について簡単にご紹介しました。これは経済学の分野で「景気循環」を抽出する時などにも応用されています。興味のある方は下記文献もどうぞ！

参考文献

『経済変数から基調的変動を抽出する時系列的手法について』肥後雅博、中田（黒田）祥子 著、1998年、日本銀行金融研究所／金融研究
http://www.imes.boj.or.jp/research/papers/japanese/kk17-6-2.pdf

Rのパッケージを使って イケてるグラフをサクッと 作成しよう

第4章では、相関分析／散布図を中心にRの強力なグラフィックス機能を体験します！　後半では因果関係を視覚化する手法の1つであるベイジアンネットワークについても簡単に紹介します。

ド・ノーマルからモデルチェンジ！

突然ですが、できるビジネスマン風に見える人って、かっこよくて、わかりやすいグラフをさらっと資料にしのばせていると思いませんか？ Rのパッケージをインストールすることで、そんなステキなグラフがサクっと作れるようになってしまいます。そっけないコンソール画面をワクワク楽しんでもらえるようになって頂けたら本望です。

Rをインストールしたそのままの状態は、ガンダムで例えると**「ド・ノーマルな状態」**なんです。つまりビームサーベルとバルカン状態。アムロはビームライフル、シールド、ガンダムハンマー、ハイパーバズーカ、ビームジャベリンといった武器を使い分けていました。他にはGファイターなんてのもありましたね。インストールしたド・ノーマルのRも、必要に応じて**「パッケージ」**と呼ばれる、いわばパワーアップキットを追加することで、グラフの描画や分析手法の幅を広げることが可能となるのです！

パッケージのインストール

さっそく、パッケージのインストールとまいりましょう。Rを起動しメニューから「パッケージ」→「CRANミラーサイトの設定」を選択します。

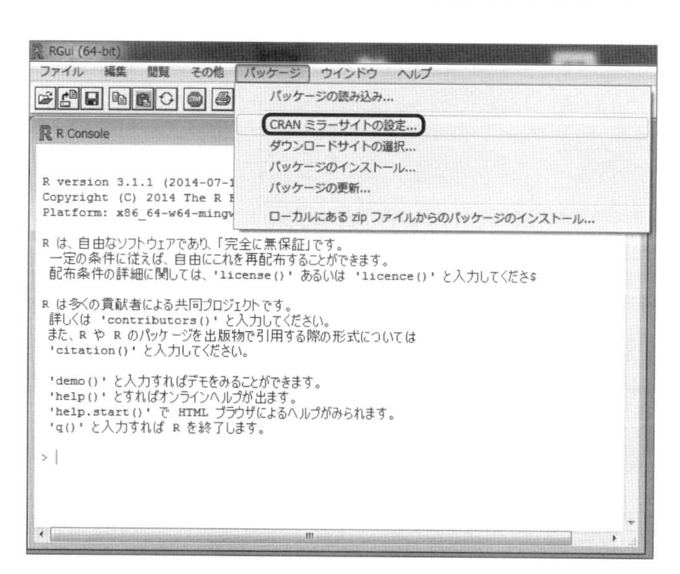

ファイルを提供しているミラーサイトを選択します。ここでは、「Japan (Tokyo)」選んで「OK」ボタンを押します。

続いて「パッケージ」→「パッケージのインストール」を選びます。すると利用可能なパッケージ一覧が表示されます。

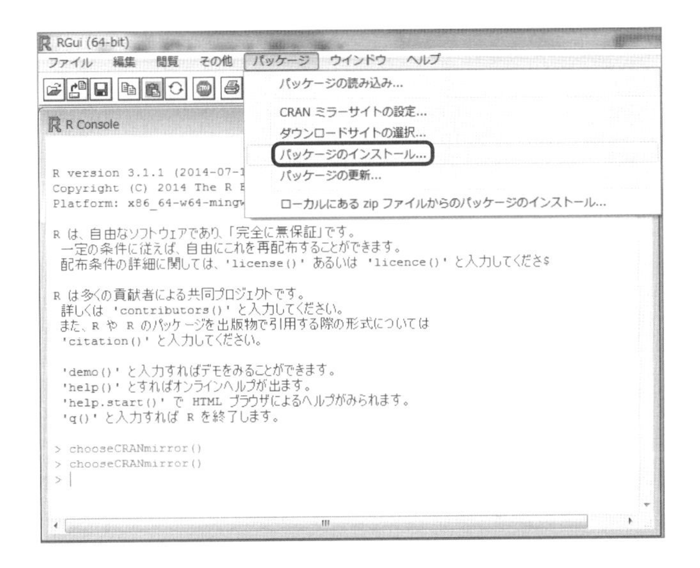

膨大な量のパッケージがありますが、今回は5つのパッケージを選びましょう。選択する際には、Windowsの基本操作である「Ctrl」キー＋マウス左クリックで複数項目の選択も可能です。

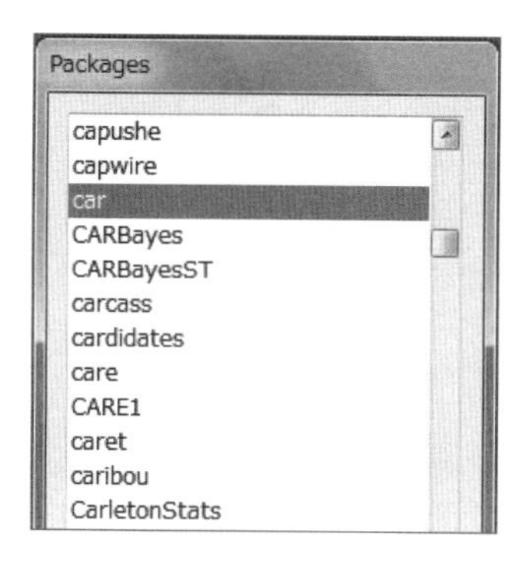

- car：回帰分析の応用（この中の散布図行列を利用します）
- deal：ベイジアンネットワーク（本章の最後に使います）
- ggplot2：かっこいいグラフ描画
- gridExtra：複数のかっこいいグラフを好きに配置
- psych：心理統計手法（この中の相関係数行列を利用します）

選択してから「OK」ボタンをクリックするとインストールが始まります。無事インストールが済んだら「これらのパッケージを使うぞ！」とRに宣言して教えてあげましょう。

```
library(car)

library(deal)

library(ggplot2)

library(gridExtra)

library(psych)
```

これで、5つのパッケージが使えるようになりました！　この手順はパッケージをインストールする時に毎回使いますから、覚えておきましょう。

1
2
3
4
5
6
7
8
対談

 相関分析を始めよう

さて何はともあれ、いつものデータの読み込みから始めましょう。

```
sample<-read.table("c:/data/sample.txt",header=T)
```

次に相関分析に入っていきたいと思います。**相関分析**とは、2つのものの間にある関連性を分析することです。ここで使う cor 関数は、2つの数字の間の関係の強さを測る指標**「相関係数」**を計算してくれます。ちなみに相関のことを英語では「correlation」と言います。Excel の関数だと CORREL です。

ここでは、cor 関数を使って、純広告のインプレッション（純広告）と純広告のコンバージョン数（CV_純広告）の相関関係を調べます。

```
cor(sample$純広告,sample$CV_純広告,method="pearson")
```

```
> sample<-read.table("c:/data/sample.txt",header=T)
> cor(sample$純広告,sample$CV_純広告,method="pearson")
[1] 0.08698672
> |
```

相関関係とは、2つの数値の間の関係のことです。一方の値が増加する時に、もう一方の値も増加する場合は**正の相関（関係）**、反対に、もう一方の値が減少する場合は**負の相関（関係）**と言います。出力された相関係数は「0.086」ですので「非常に弱い正の相関である」と言えそうです。

2つの数値の散布図と相関係数の関係は以下の図のようになっています。「r」は相関係数を表します。$-1 \leqq r \leqq 1$ で r=1 なら**完全な正の相関**、-1 なら**完全な負の相関**となり、r=0 の場合は**無相関**とも呼ばれます。

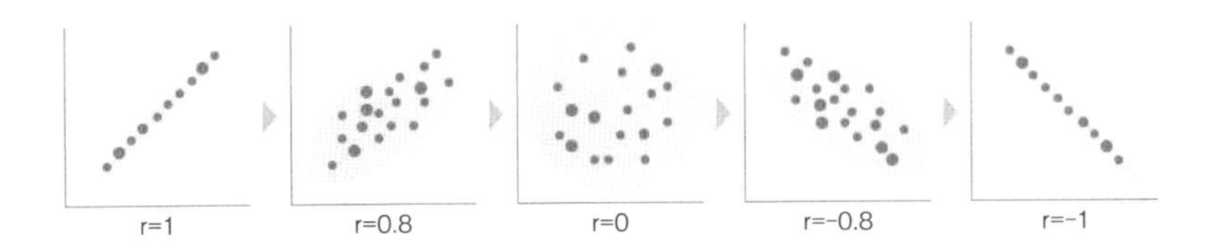

また、出力される相関係数は実は1つではありません。Rのcor関数では3種類の相関係数の出力が可能です。先ほどのコマンドのmethod=の後を、それぞれ以下のように変更すると対応できます。

- "pearson"：ピアソンの積率相関係数
- "kendall"：ケンドールの順位相関係数
- "spearman"：スピアマンの順位相関係数

通常の**「量的尺度」**と呼ばれる数値データを扱う場合には、ピアソンの積率相関係数が使われます。ピアソンの積率相関係数はその定義から－1から＋1の値を取ります。「順序が一致しているかどうか」の相関を知りたい場合は、ケンドール、もしくはスピアマンの順位相関を使います。

COLUMN
「強い相関」と「弱い相関」

よく、相関係数がいくつ以上であれば「強い相関」、いくつ以下であれば「弱い相関」があると言いますが、業種や扱っているデータによって異なるので、絶対的な基準はないと考えておいてください。例えば株式のデータ分析においては、将来の収益率を予測しようとする際に、相関係数が0.1あれば「なかなか高いな……」となるケースもしばしばありました。1～2銘柄での勝負をする時に相関が0.1では心もとなさ過ぎですが、1,000を超える銘柄数で勝負するとなると、将来の予測根拠が相関0.1もあれば期待が持てます。

さっそく散布図を作成しよう

続いて、相関分析をわかりやすく説明するために、散布図を作成します。

```
plot(sample$純広告,sample$CV_純広告)
```

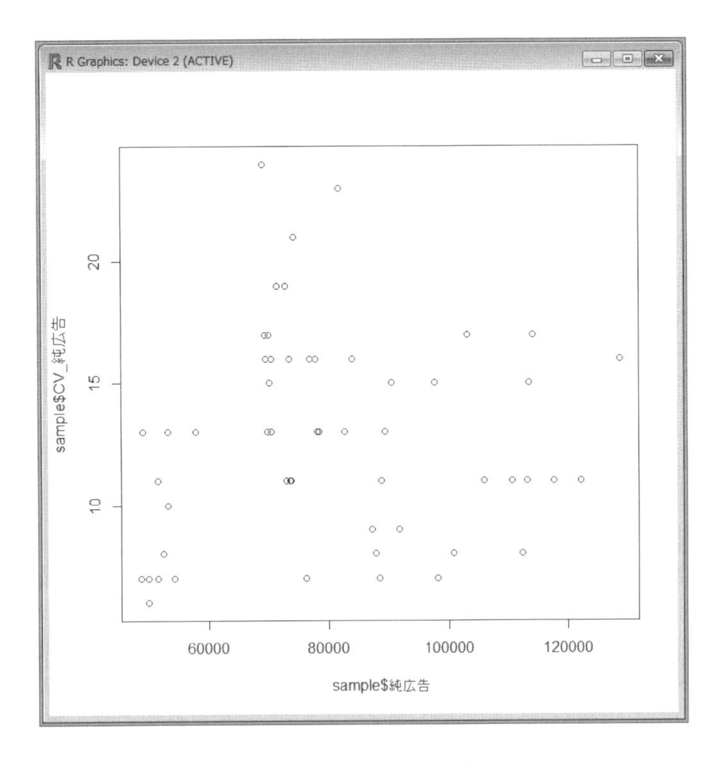

このコマンドについて、詳しく見ていきましょう。

```
plot([1],[2])
```

[1] が横軸、**[2]** が縦軸に対応します。ちなみに横軸に原因を、縦軸に結果を取ることが多いです。また、相関係数が＋１であれば右肩上がりの直線に、－１であれば右肩下がりの直線となります。

この散布図、このままだとちょっとわかりにくいですね。平日と週末の区別を色分けしてみましょう。第3章で説明した曜日情報の追加を行います。コマンドを再掲します。

```
youbi1 <- weekdays(as.Date(sample$DATE))

youbi2=as.POSIXlt(sample$DATE)$wday

youbi2 <- ifelse(youbi2==0, 7, youbi2)

youbi=paste(youbi2,youbi1)

sample3<-transform(sample,youbi=youbi)
```

後で使うので、曜日ごとに割り当てた数値データを追加しておきます（1=月曜日、2=火曜日、3=水曜日、4=木曜日、5=金曜日、6=土曜日、7=日曜日）。

```
sample3<-transform(sample3,youbi_num=youbi2)
```

では、平日と週末で色分けしたグラフを描きましょう。

```
plot(sample3[,2],sample3[,4],pch=21,xlab="純広告",ylab="純広告CV",➡
bg=c(5,5,5,5,5,2,2)[unclass(sample3$youbi)])
```

図の中に散らばっている丸（マーカー）が、水色と赤に色分けされました。

長くて複雑なコマンドなので、分解して解説します。

```
pch=21
```

散布図の中のマーカーの種類を表します。着色したい時、なおかつマーカーで丸を使う時は「21」を指定します。

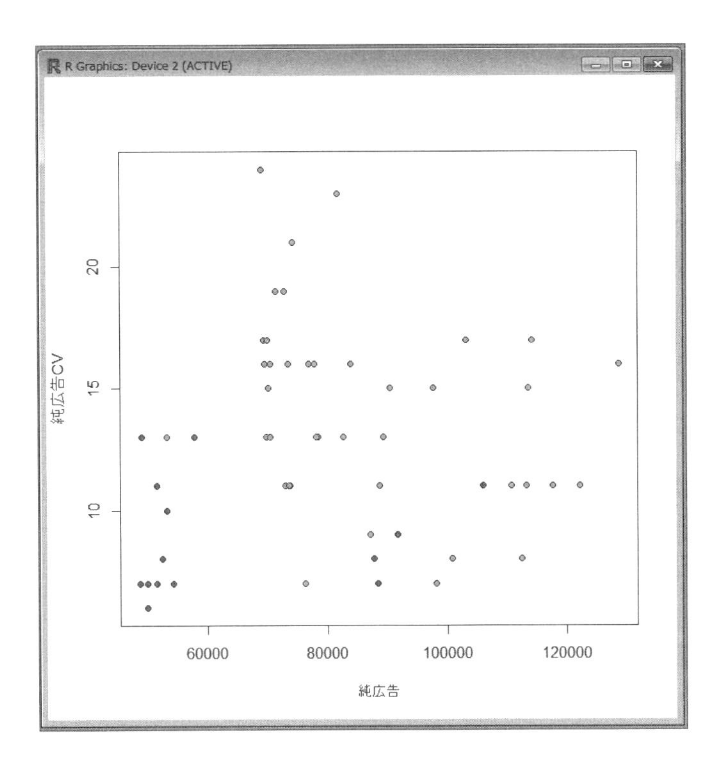


```
xlab="純広告",ylab="純広告CV"
```

xlab は横軸のラベルを、ylab は縦軸のラベルを設定します。

```
bg=c(5,5,5,5,5,2,2)
```

散布図内のマーカーを２色（水色，水色，水色，水色，水色，赤色，赤色）に、塗る色の順番は youbi に従うことを表しています。

```
[unclass(sample3$youbi)]
```

第３章で確認したように sample データは月曜スタートとなっていました。つまり、月＝水色、火＝水色、水＝水色、木＝水色、金＝水色、土＝赤色、日＝赤色となっています。

曜日ごとに別の色を変更したい場合は、以下のようにすることで対応できます。

```
bg=c(1,2,3,4,5,6,7)
```

1 =黒色、2= 赤色、3= 緑色、4= 青色、5= 水色、6= 桃色、7= 黄色、になります。では、この指定を使ってもう一度、色を変えてコマンドを実行してみましょう。

```
plot(sample3[,2],sample3[,4],pch=21,xlab="純広告",ylab="純広告CV", ➡
bg=c(1,2,3,4,5,6,7) [unclass(sample3$youbi)])
```

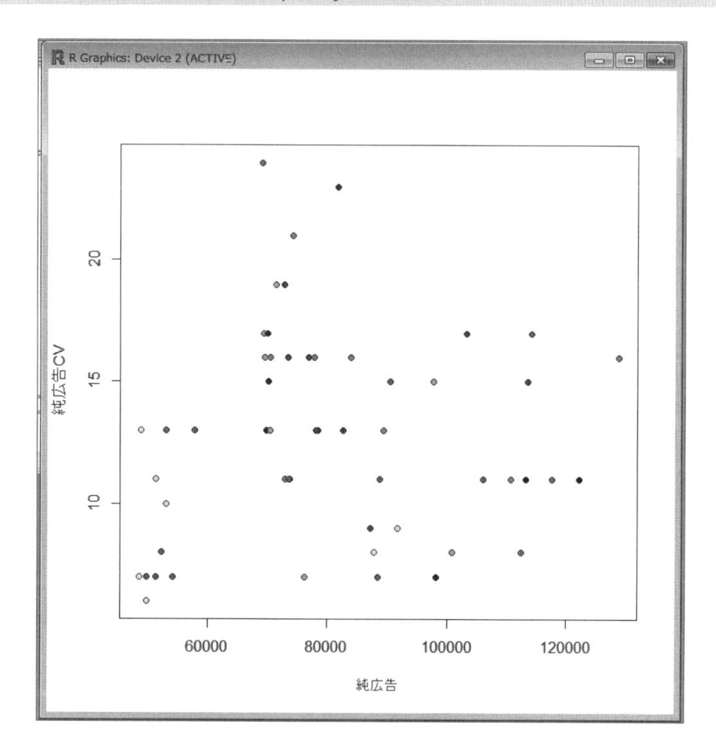

曜日ごとに色分けされましたが、ちょっとゴチャゴチャした表示になりますね。ここで紹介した方法を参考にして、皆さんの手で見やすいグラフにアレンジしてみてください。

 散布図と近似線を描く

さて、ここからいよいよインストールしたパッケージを使っていきます！まず、現在の変数名を確認しましょう。

```
names(sample3)
```

```
> names(sample3)
[1] "DATE"              "純広告"              "リスティング"     "CV_純広告"
[5] "CV_リスティング" "youbi"               "youbi_num"
> |
```

現在、「DATE」や「純広告」など、アルファベットや漢字が混在しています。思い切って変数名をすべて変更しましょう。

```
names(sample3)<-c("Date","Jyunkou","Listing","CV_Jyunkou","CV_Listing",➡
"Youbi","Youbi_num")
```

変更後の変数名を確認します。

```
names(sample3)
```

```
> names(sample3)
[1] "Date"        "Jyunkou"     "Listing"     "CV_Jyunkou" "CV_Listing"
[6] "Youbi"       "Youbi_num"
> |
```

さて、あらためてインストールしたパッケージを使って散布図を描いてみましょう！

```
p<-ggplot(sample3,aes(x=Jyunkou,y=CV_Jyunkou))

p+geom_point()
```

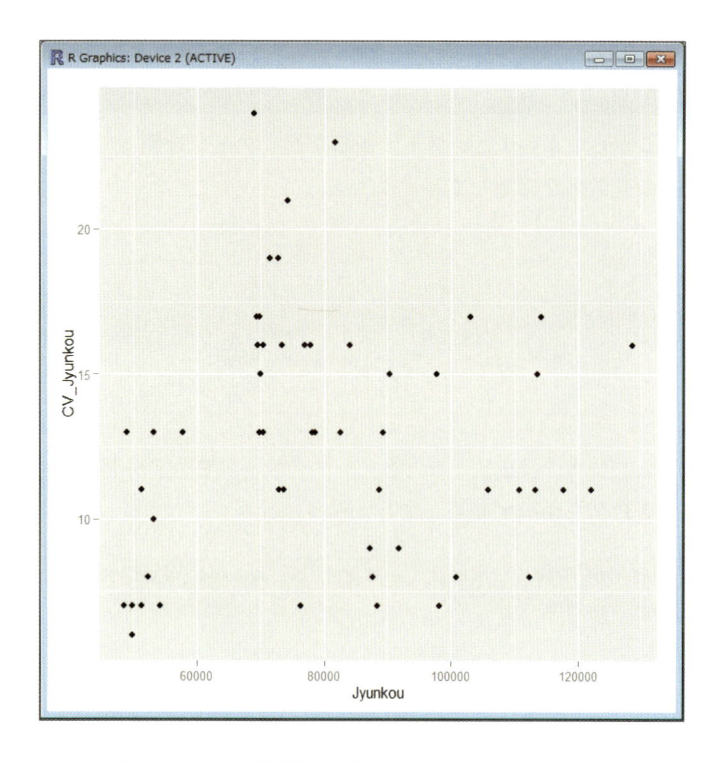

う〜む、すっきりしていて綺麗じゃないですか！　では、このコマンドについて解説します。

```
ggplot([1],aes(x=[2],y=[3]))
```

[1]は使用するデータ、[2]は横軸の変数、[3]は縦軸の変数をそれぞれ指定しています。2つ目のgeom_point()はグラフの種類を指定しています。曜日別に色分けする時はこんな風に指定します。

```
p<-ggplot(sample3,aes(x=Jyunkou,y=CV_Jyunkou))

p+ geom_point(aes(colour=Youbi))
```

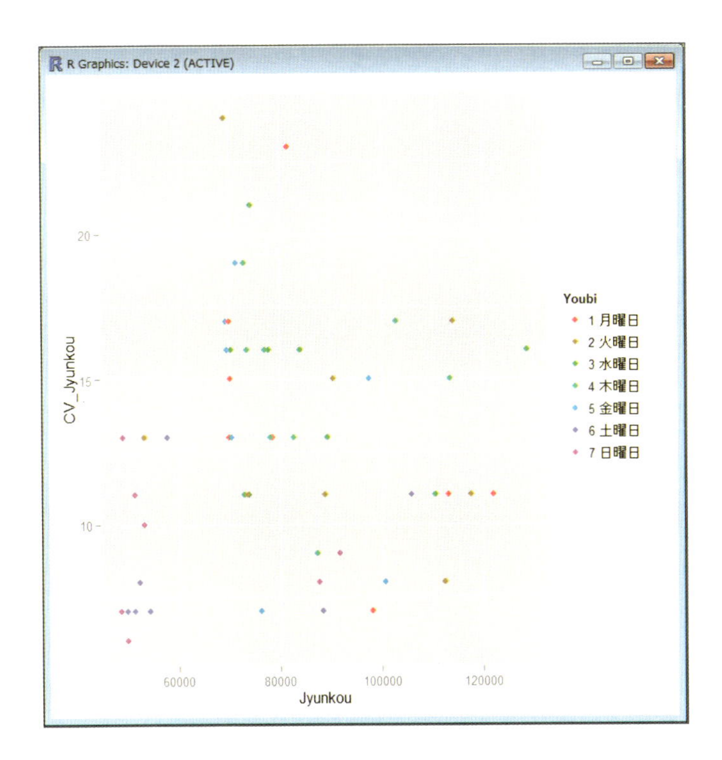

いい感じですが、やはり曜日ごとに色が違うとちょっとゴチャゴチャします。平日と週末に分けて、WeekEndという変数に格納して使ってみましょう！

```
sample3$WeekEnd <- ifelse(sample3$Youbi_num>5, "週末","平日")

p<-ggplot(sample3,aes(x=Jyunkou,y=CV_Jyunkou))

p+ geom_point(aes(colour=WeekEnd))
```

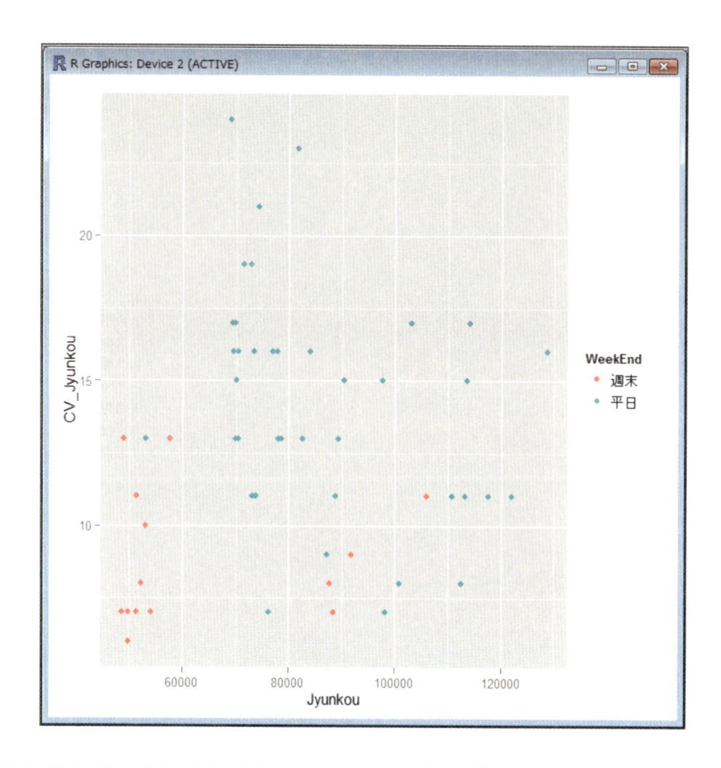

かなり見やすくなりましたね。おまけで、点の散らばりを代表しているような直線（**近似線**）を追加してみましょう！

```
p<-ggplot(sample3,aes(x=Jyunkou,y=CV_Jyunkou))

p+ geom_point(aes(colour=WeekEnd))+geom_smooth(method = "lm")
```

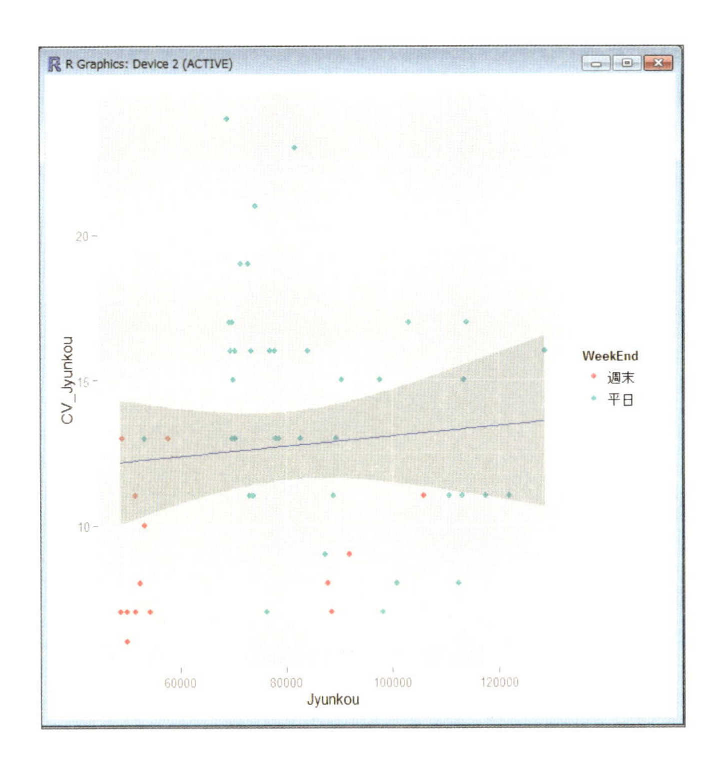

近似線が、やや右上がりの直線になっていますね。グレーのゾーンは、この近似線が含まれると考えられる範囲です。純広告のインプレッションに比例してコンバージョン（CV）数が増加する傾向が見て取れます。

続いて、平日と週末で近似線を分けてみましょう。

```
p<-ggplot(sample3,aes(x=Jyunkou,y=CV_Jyunkou,col=WeekEnd))

p+ geom_point()+geom_smooth(method = "lm")
```

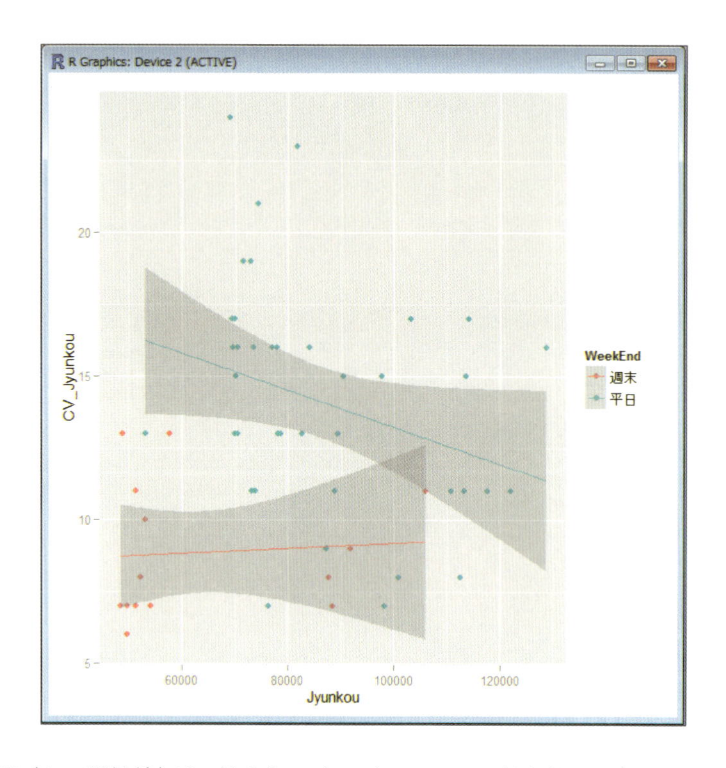

平日（上の近似線）は、純広告のインプレッションが上がってもコンバージョン数の増加には結びついておらず、週末（下の近似線）はなんとなく右肩上がりに見えます。ただ、週末の右端の点がなくなってしまうと右肩上がりになるかどうか……ちょっと危うそうです。

さて、ここまでは１つのグラフを分析していましたが、扱う変数の数が多くなってくると、いちいちグラフを作成してはいられません。就業時間内に業務を終えるのがピンチになってしまいます。

見せてもらおうか、相関係数行列／散布図行列の実力とやらを！！　というわけで、楽チンに多くの相関係数と散布図を確認する方法を見ていきましょう！！

 相関係数行列と散布図行列

まずは相関係数行列から。相関係数は2つの数値の間の関係でしたが、扱う数値が多くなった場合には組み合わせが多くなるので表で確認するとわかりやすくなります。これを**相関係数行列（相関行列）**と言います。

```
cor(sample3[,2:5])
```

```
>  cor(sample3[,2:5])
               Jyunkou     Listing  CV_Jyunkou  CV_Listing
Jyunkou     1.00000000   0.5466894  0.08698672 -0.08612998
Listing     0.54668944   1.0000000 -0.24201489  0.20760078
CV_Jyunkou  0.08698672  -0.2420149  1.00000000  0.19375058
CV_Listing -0.08612998   0.2076008  0.19375058  1.00000000
>
```

cor()を使うと、一発で相関係数行列を出力できます。Jyunkou（純広告のインプレッション）とListing（リスティングのクリック）の相関係数は0.546であることから、両者にはやや強い相関があるようです。これまで見てきたように、平日と週末で広告の出稿パターンに強弱があることも影響している可能性があります。

一方、コンバージョンについてはJyunkou（純広告のインプレッション）→CV_Jyunkou（純広告のコンバージョン）は若干のプラス（0.086）であるものの、Jyunkou（純広告のインプレッション）→CV_Listing（リスティングのコンバージョン）は、ややマイナス（－0.086）となっていました。

続いて、これらのデータをグラフ化しておきましょう。シンプルな**散布図行列**はコチラです。

```
plot(sample3[,2:5])
```

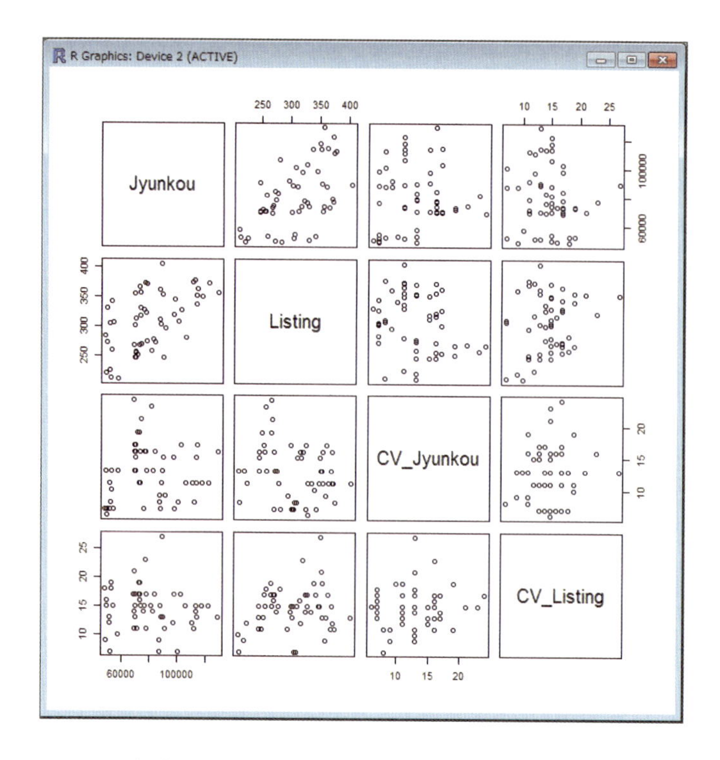

これは、4 つの変数のすべての組み合わせで散布図を描き、並べたものです。散布図行列を使ってまとめて視覚化することで、それぞれの傾向をつかむことができます。

シンプルで見やすい。ですが、地味ですな！　アレンジするために、インストールしたパッケージの car を使ってみましょう。

```
library(car)
```

car を使うための準備ができたところで、以下のコマンドを実行します。

```
scatterplot.matrix(~Jyunkou+Listing+CV_Jyunkou+CV_Listing,reg.line=lm,➡
data=sample3)
```

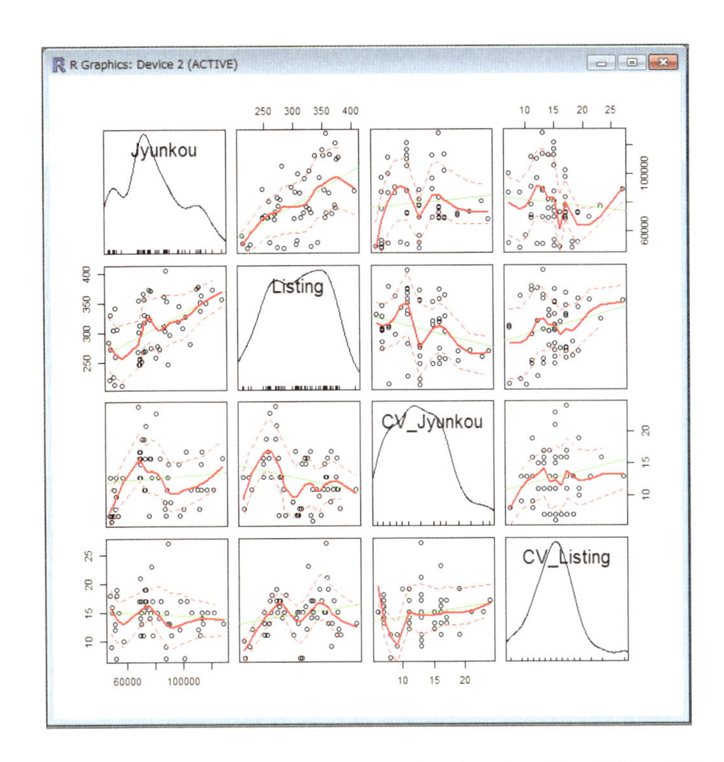

赤と緑の線が加わりましたね。緑色が直線、赤い太い線が曲線で引かれています。これらは点の散らばりを代表する近似線（緑色）、近似曲線（赤色）です。さらに続いてはパッケージpsychを使いますよ。

```
library(psych)

pairs.panels(sample3[,2:5])
```

これはなかなか情報量が多いですね。対角線上には第2章で取り上げたヒストグラム、左下には散布図、右上には相関係数がそれぞれの組み合わせで表示されています。ゴチャゴチャしているので少し要素を整理してみましょう。

```
pairs.panels(sample3[,2:5], smooth=FALSE, density=FALSE, ellipses=FALSE, ➡
scale=FALSE)
```

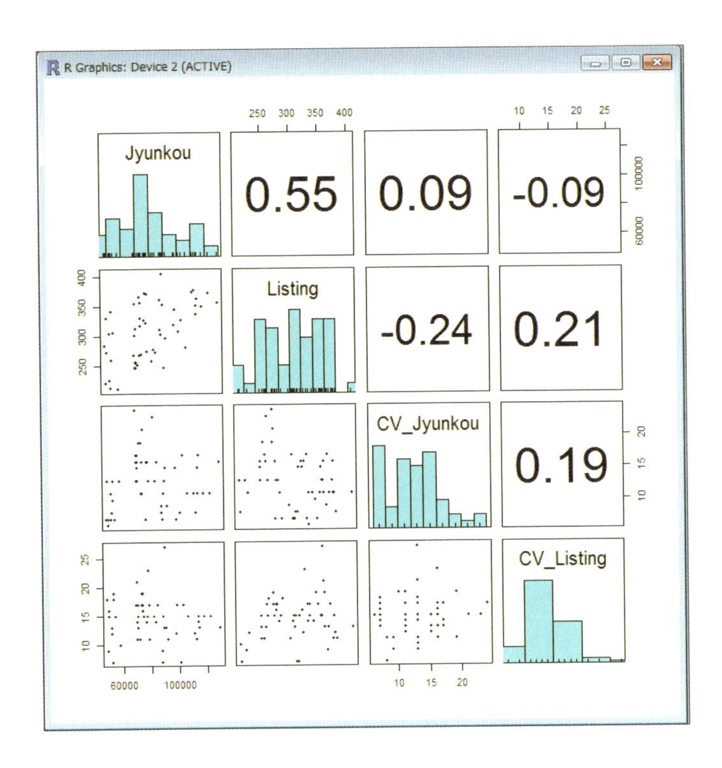

このコマンドの意味は以下の通りです。

- smooth：散布図に対して近似線を表示（TRUE）/ 非表示（FALSE）
- density：ヒストグラムに対してカーネル関数を表示（TRUE）/ 非表示（FALSE）
- ellipses：散布図に対して楕円を表示（TRUE）/ 非表示（FALSE）
- scale：相関係数の表示の大きさを変える（TRUE）/ 変えない（FALSE）

他にも色だけで相関係数の大小を表現する方法もあります。

```
cor.plot(cor(sample3[,2:5]))
```

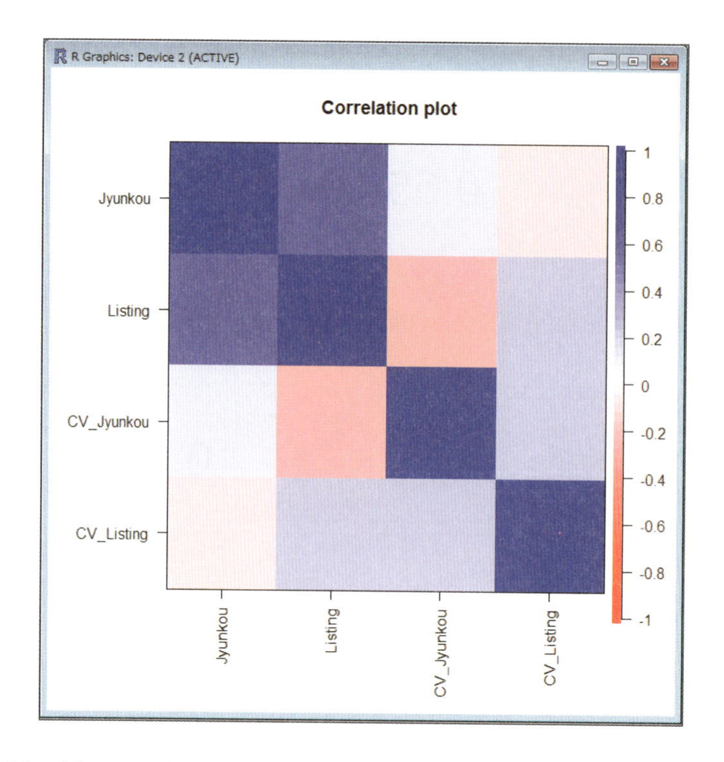

青ければ青いほど相関が高く、赤に近いとマイナスの相関となります。扱う変数が多い場合はこういった表現も便利ですね。

イケテル表現にチャレンジ

ここからは「イケテル散布図行列を作ってみる！」のコーナーです。これまでのグラフは確かにサクっと表示されるので便利といえば便利でした。ただ、少し見た目に難がありました。せっかくggplotの使い方を覚えたので、ひと手間かけてイケてる表現にチャレンジしてみましょう！

以下のコマンドで、パッケージを使えるようにします。

```
library(ggplot2)

library(gridExtra)
```

さっそく実行です。

```
p1<-ggplot(sample3,aes(x=Jyunkou,y=CV_Jyunkou)) + geom_point➡
(aes(colour=WeekEnd))

p2<-ggplot(sample3,aes(x=Jyunkou,y=CV_Listing)) + geom_point➡
(aes(colour=WeekEnd))

p3<-ggplot(sample3,aes(x=Listing,y=CV_Jyunkou)) + geom_point➡
(aes(colour=WeekEnd))

p4<-ggplot(sample3,aes(x=Listing,y=CV_Listing)) + geom_point➡
(aes(colour=WeekEnd))

grid.arrange(p1,p2,p3,p4,nrow = 2, ncol=2,main=textGrob➡
(paste(sample3$Date[1], "～", sample3$Date[nrow(sample3)])))
```

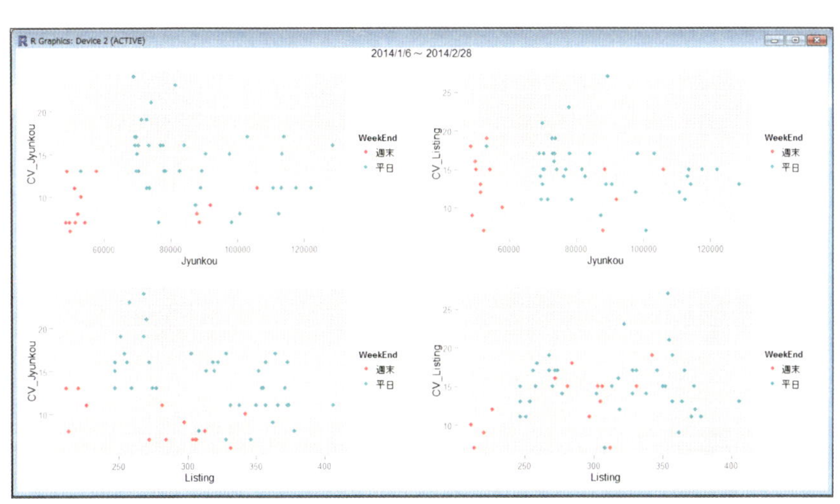

うおお！　なんてカッコいい！！

ポイントはgridExtraパッケージのgrid.arrangeを使用している点です。p1からp4にそれぞれ散布図を格納して、最後に2×2の形式で表示しています。ちなみに最後のコマンドで、

```
nrow = 1, ncol=4
```

とすると、1行4列で、

```
nrow = 4, ncol=1
```

とすると、4行1列で表示されます。main= は、散布図のタイトルの調整を行っています。paste は、前章で説明したように文字列を結合する関数でしたね。ここでは以下の3つの文字列を結合しています。

- sample3$Date[1]：Date 変数の1番目の値→つまり 2014/1/6
- "〜"：これはそのまま "〜" です。
- sample3$Date[nrow(sample3)]：nrow(sample3) は sample3 に含まれる行数なので Date 変数の最後の値→ 2014/2/28 となります。

 ベイジアンネットワーク！

それでは最後に、お待ちかねのベイジアンネットワークによる分析を行ってみましょう。**「ベイジアンネットワーク」**とは、参考文献によると「事象間の連関を確率的な過程として、有向グラフを用いて表す方法」とあります。……？？？　うーん、難しい話はいったん置いておいて、因果関係を視覚化してみましょう！　以下のパッケージを利用します。

```
library(deal)
```

使用する変数のみのデータを作成します。

```
sample4<-transform(sample3[,2:5],WeekEnd=sample3$WeekEnd)
```

ここでは「Jyunkou」「Listing」「CV_Jyunkou」「CV_Listing」に加えて、平日／週末に関する変数を追加した5つの変数を用いましょう。ついでに、アルファベットにしていた変数名を日本語表記に変更しておきます。

```
names(sample4)<-c("純広告","リスティング","CV_純広告","CV_リスティング",➡
"平日/週末")

nw<-network(sample4)
```

分析を実行する準備を行うため、空のネットワークを作成します。

```
plot(nw)
```

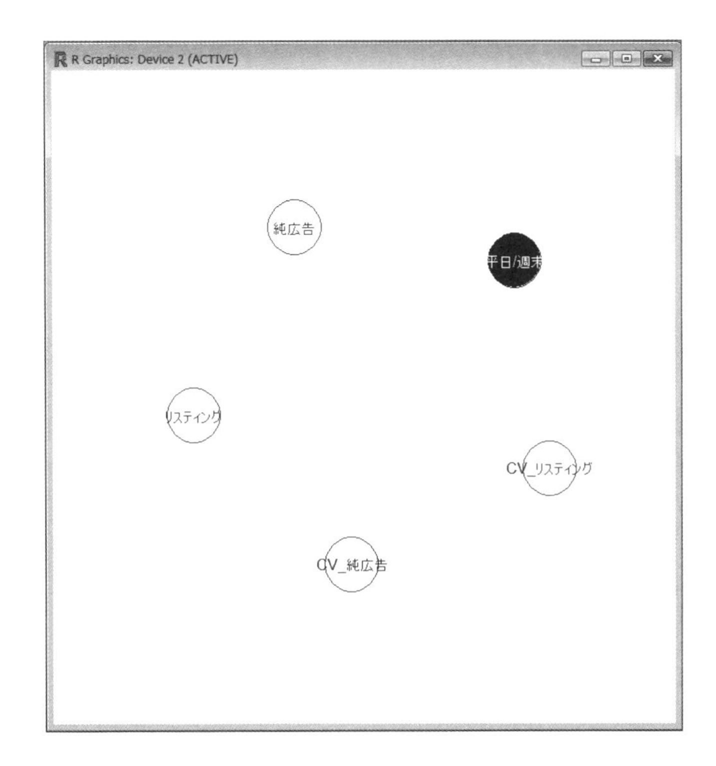

ベイジアンネットワークでは因果関係を**有向グラフ**、つまり矢印を使って視覚化することができます。この段階でネットワークを表示plot(nw)してみると、まだ矢印がなく空であることが確認できます。ここで**「事前確率（分布）」**を計算します。

```
prior<-jointprior(nw,20)
```

jointprior()内の数値ですが、この値を大きくすると矢印の数が増加します。設定しないと矢印の数をできるだけ減少させるように計算します。

このコマンドを実行すると、「Imaginary sample size: 20」というメッセージが表示されました。

```
>  plot(nw)
> prior<-jointprior(nw,20)
Imaginary sample size: 20
```

これは、jointprior()に指定した数値「20」を反映しています。この数値は矢印を引くことに対する自信のようなもので、他の値を設定することも可能です。値を大きくすると自信がある、つまり矢印を引くことに対して寛容になり複雑な結果が得られる傾向となります。また、値を設定しないと自信がない、つまり矢印を引くことに対して保守的となり、シンプルな結果が得られる傾向となります。

次に、**あらかじめ因果関係がないことがわかっている方向を設定します**。コンバージョンが原因となって、純広告のインプレッションやリスティングのクリックが結果として起こることは……ちょっとありえませんよね？

また仮に、（原因）純広告を出した→（結果）週末になった！とかなったら、救急車を呼ばれてしまうかもしれません。なので、あらかじめ想定しがたい因果関係の方向は

「ナイと思います」

と設定してあげることができます。便利ですね。

```
mybanlist<-matrix(c(
1,5,
2,5,
3,5,
4,5,
3,1,
3,2,
3,4,
4,1,
4,2,
4,3),
ncol=2,byrow=TRUE)

banlist(nw)<-mybanlist
```

（1,5, から 4,3), までの行について）この数値を入力する時、コマンドプロンプトの形は「>」から「+」に変わります。

このコマンドの意味を説明しましょう。「1,5,」「2,5,」という2つの数字の組み合わせは、この方向には矢印を引かない、という設定となります。それぞれの数字は以下の5つの変数を表します。

1： 純広告
2： リスティング
3： CV_純広告
4： CV_リスティング
5： 平日 / 週末

一番最初に出てくる「1,5,」は、「純広告」から「平日 / 週末」の方向には矢印を引かないという意味になります。

1→5： 純広告→平日 / 週末
2→5： リスティング→平日 / 週末
…
3→1： CV_純広告→純広告
3→2： CV_純広告→リスティング
…
4→1： CV_リスティング→純広告
4→2： CV_リスティング→リスティング
…

dealパッケージでは、連続変数("純広告","リスティング","CV_純広告","CV_リスティング")から、離散変数("平日 / 週末")への矢印はもともとないように設定されていますが、ここではわかりやすさを優先して入れています。

以下のコマンドで**事後確率（分布）**を計算し、

```
nw<-learn(nw,sample4,prior)$nw
```

適切なベイジアンネットワークを探し出します。

```
search<-autosearch(nw,sample4,prior,trace=TRUE)
```

出力されたベイジアンネットワークがこちらです。

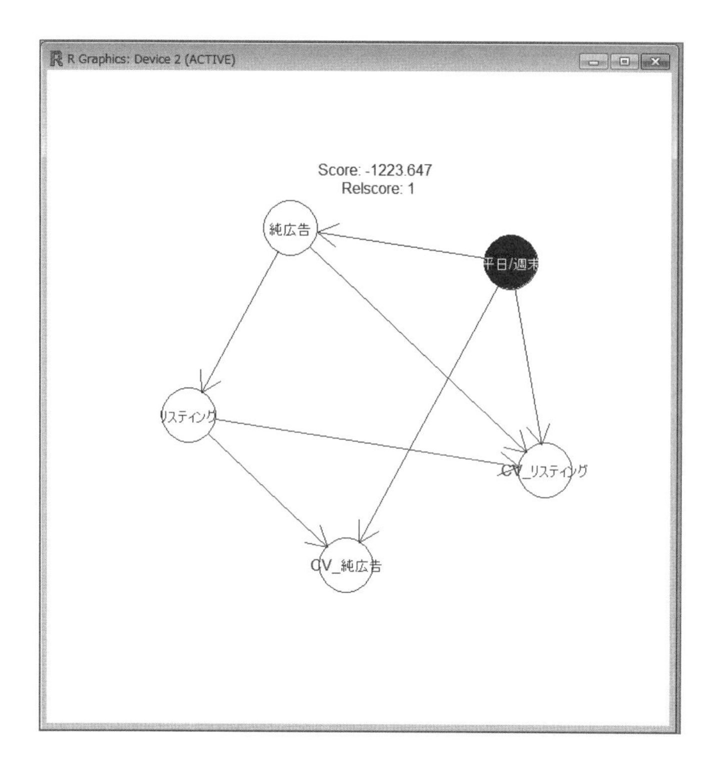

ちょっと地味な出力ではありますが、なかなか面白い結果になっています。この図について説明しましょう。

- 「CV_純広告」に影響があるのは、「平日/週末」「リスティング」の2つ
- 「CV_リスティング」に影響があるのは、「平日/週末」「純広告」「リスティング」の3つ
- 「リスティング」は「純広告」には影響を受けるが、「平日/週末」の影響はない
- 「純広告」は「平日/週末」の影響のみを受ける

間接効果の点からは以下のパスの存在が示唆されています。

- 「純広告」→「リスティング」→「CV_純広告」

まとめ

今回は、相関分析/散布図をメインに紹介し、欲張ってベイジアンネットワークまで踏み込んでみました。少しでも分析の楽しさに気付いて頂けたら幸いです。特にベイジアンネットワークについて興味がある方は、参考文献も合わせてご覧ください。

参考文献

1. 『ネットワーク分析（R で学ぶデータサイエンス　8)』鈴木 努 著、2009 年、共立出版
2. 『データマイニング入門』豊田秀樹 編著、2008 年、東京図書

正しい分析手法を選ばないと時間のムダ

顧客属性とコンバージョンデータを使って、打ち手を効率よく考える

第５章では、顧客属性データとコンバージョンデータをサンプルとして取り上げます。「性別」や「接触広告」で「コンバージョン数」はどのくらい違うのか？　そんなことを知りたい時に使うべき分析手法を紹介します。

正しい分析手法を選ばないと時間のムダ

顧客属性データとコンバージョンデータは企業内によくあるデータの形式かと思います。こういったデータが手元にある際に、チャチャッと状況を確認して次の打ち手を考えたい！　ここでは、そんなニーズにお応えしていきましょう。

クロス集計表、モザイク図、決定木といった手法を活用していきますが、あくまで手法は目的達成のための手段でしかありません。正しく使って効率化し、考える時間を捻出しましょう。

第4章で解説したパッケージは、この章でも使っていきます。パッケージの追加や設定の方法については、必要に応じて第4章を参考にしてください。今回使用するパッケージは以下の通りです。

- vcd
- ggplot2
- partykit
- rpart
- rpart.plot

データを確認！
「質的変数」と「量的変数」とは？

第5章で使うサンプルデータ（CV_data.csv）をあらかじめダウンロードしておきましょう。それをパソコンのCドライブ直下の「data」フォルダに格納した場合、Rに読み込ませるコマンドは次の通りです。

```
sample<-read.csv("c:/data/CV_data.csv",header=T)
```

元のデータをExcelで開くと、このようになっています。

	A	B	C	D	E
1	id	CV	AGE	SEX	AD
2	10	yes	38	Male	Mail
3	11	yes	30	Male	Mail
4	12	yes	25	Male	Mail
5	13	yes	38	Male	Mail
6	14	yes	41	Male	Mail
7	15	yes	26	Male	Listing
8	16	yes	26	Male	Listing
9	17	yes	26	Male	Listing
10	18	no	30	Female	Mail

注意

上の図を見るとセルA1に「id」と入力されています。その他の変数が「AGE」「SEX」のように大文字になっているのにここだけ小文字になっているのはなぜでしょう。実は、先頭のデータが文字列「ID」で始まるテキストファイル、またはCSV（カンマ区切りのテキストファイル）をExcelで開こうとすると、SYLK形式のファイルと認識されてしまい、開くことができないためです。これはExcelの仕様なので、本書ではこの問題を回避するため、サンプルデータの変数名として「id」を使います。

マイクロソフトのサポート情報：http://support.microsoft.com/kb/323626/ja

Rで確認してみましょう。

```
head(sample)
```

```
> head(sample)
  id  CV AGE  SEX      AD
1 10 yes  38 Male    Mail
2 11 yes  30 Male    Mail
3 12 yes  25 Male    Mail
4 13 yes  38 Male    Mail
5 14 yes  41 Male    Mail
6 15 yes  26 Male Listing
```

このファイルには、50名分のユーザーデータが入っています。男性は26名、女性24名です。販売サイトのユーザーごとの購入データや、マンションなどの資料請求サイトなどをイメージして頂くとよいでしょう。ファイルに含まれるデータは以下の通りです。

- id：ユーザーID
- CV：コンバージョンした／していない（yes／no）
- AGE：年齢

- SEX：男性 / 女性（Male／Female）
- AD：接触した広告（DSP／Mail／Listing）

ポイントは、**1 ユーザーデータ＝ 1 行**という関係です。1ユーザーデータは複数行に渡ることはありません。今回の分析においてコレ重要です。

あれ！？　なんで今回は日本語の変数名ではないのか？　とツッコミが入りそうですね。実は、vcd パッケージは日本語表示に問題があるため、英語表記を使っています。環境によってはうまくいくかもしれませんが……。お許しください！

何はともあれ集計して中身を確認しましょう。これまでも取り上げたこのコマンドを入力します。

```
summary(sample)
```

すると以下のような出力が得られます。

```
> summary(sample)
       id          CV          AGE              SEX            AD
 Min.   :10.00   no :15   Min.   :20.00   Female:24   DSP     :11
 1st Qu.:22.25   yes:35   1st Qu.:28.25   Male  :26   Listing:16
 Median :34.50            Median :35.00               Mail    :23
 Mean   :34.50            Mean   :33.38
 3rd Qu.:46.75            3rd Qu.:38.00
 Max.   :59.00            Max.   :50.00
```

この出力から以下のことが読み取れます。

- ID は 10 から始まって、最大値は 59。
- コンバージョンしているユーザー数（yes）は 35。していないユーザー数（no）は 15。
- 年齢は 20～50 歳までで分布。中央値 35 歳＞平均値 33.38 歳なので、若い人が外れ値となって平均値を押し下げてるのかも。
- 男女比率はほぼ半々。
- 接触広告は、Mail ＞ Listing ＞ DSP の順で多い。

サンプルデータに含まれる3つの接触広告、Mail、Listing、DSPについて説明します。

Mail：メールマガジン。

Listing：Yahoo!やGoogleの検索結果ページの最上段や右側に表示される、検索キーワードに関連するテキストリンク型の広告。

DSP：Demand Side Platformの略。広告主が広告枠を買う時に使うツール。ここではDSPを使ってウェブサイトに配信するディスプレイ広告（バナー広告など）と理解してください。

1 2 3 4 5 6 7 8 対談

COLUMN

データの種類「質的変数」と「量的変数」

第5章で使うサンプルでは、ユーザーIDは二桁の数値データです。でも、この数値の大小に意味があるのかというと、実はありません。ユーザーIDが大きいから役職が上とか、お客様として偉いなんてことはありません（番号が若い方がデータベース登録日が古い、ということはあるかもしれませんが）。

したがって、ユーザーIDの引き算や割り算といった四則演算には意味がありません。つまり、この数値は単なるラベルなんですよね。このような変数のことを**「質的変数」「カテゴリカルデータ」**と言ったりします。これらをまとめて**「名義変数」**とも言います。本書では「質的変数」と呼ぶことにします。

他の変数はどうでしょうか？　コンバージョンは「yes」か「no」か（ここで小田和正を思い浮かべるか、嵐を思い出すかで世代が……）。性別は「男性」か「女性」か、広告は「DSP」か「メルマガ」か「リスティング」か。いずれも分類しているだけで大小の区別はありません。というわけでこれらも**「質的変数」**ということになります。

一方で、年齢はどうでしょうか？　こちらは数字で表現されていて大小に意味があります。さっきは“質”的変数、その対義語は“量”ですね。ということで、こちらは**「量的変数」**と呼びます。

何はともあれクロス集計！

さて、いよいよデータ分析に入っていきましょう。「性別」や「接触広告」で、「コンバージョン数」がどのくらい違うのかを確認したいと思います。こんな時は、複数の項目を掛け合わせる**クロス集計**が便利ですよ！

コマンドはこのようになってます。

```
table(sample$CV,sample$SEX)
```

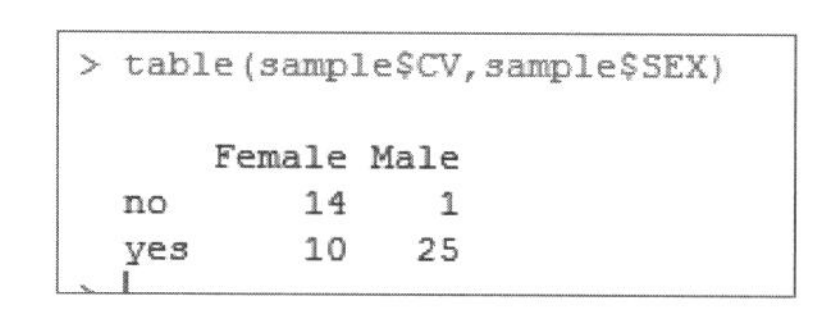

```
> table(sample$CV,sample$SEX)

      Female Male
  no      14    1
  yes     10   25
```

男性は１人を除いてコンバージョンしている一方で、女性はしていない人の方が多いです。

```
table(sample$CV,sample$AD)
```

```
> table(sample$CV,sample$AD)

      DSP Listing Mail
  no    2       3   10
  yes   9      13   13
```

１つ目の変数（CV）が行、２つ目の変数（AD）が列になっていますね。また、接触広告ではメルマガが一番人気のようです。

変数と行と列の関係は、こちらの図をご覧ください。

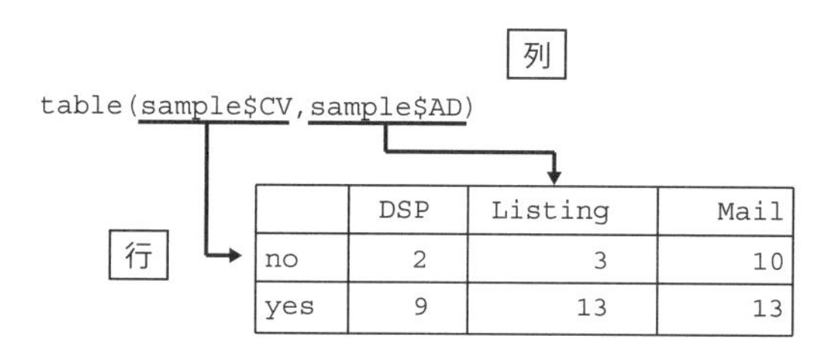

	DSP	Listing	Mail
no	2	3	10
yes	9	13	13

つまり、table(行、列)のようになっています。ちなみにこの例は質的変数どうしの組み合わせでした。次は、質的変数（コンバージョン）と量的変数（年齢）との組み合わせでやってみましょう。

```
table(sample$CV,sample$AGE)
```

```
> table(sample$CV,sample$AGE)

     20 21 23 25 26 28 29 30 31 32 33 34 35 36 37 38 39 40 41 42 44 46 50
  no  0  1  0  0  0  2  1  1  1  0  0  1  1  0  0  1  1  1  1  0  2  1  0
  yes 2  2  2  1  3  0  1  1  1  1  2  0  4  3  3  4  2  0  1  1  0  0  1
```

アララ、年齢ごとのコンバージョン数がすべて表示されてしまって、何がなんだかよくわからなくなってしまいました。こんな時は、コンバージョンした／しないで、年齢の平均値などを出力して傾向をつかみましょう。

```
by(sample$AGE,sample$CV,summary)
```

```
> by(sample$AGE,sample$CV,summary)
sample$CV: no
   Min. 1st Qu.  Median    Mean 3rd Qu.    Max.
   21.0    29.5    35.0    35.2    40.5    46.0
---------------------------------------------------------
sample$CV: yes
   Min. 1st Qu.  Median    Mean 3rd Qu.    Max.
   20.0    26.0    35.0    32.6    37.5    50.0
```

この出力結果について、少し説明します。

「CV=no」、つまりコンバージョンしなかった人の年齢データを見ると、平均値（Mean）と中央値（Median）がほぼ一緒ですね。ということは、平均値を中心にして左右対称になっていることが示唆されています。

「CV=yes」、つまりコンバージョンした人の年齢データは、平均値が中央値を2.4歳ほど下回っています。ここから、かなり年齢が低い人の存在が、平均値を引き下げていることがうかがえます。

視覚化してもっとわかりやすく！

ここからは、Rの質的変数のデータ（カッコよく言うとカテゴリカルデータ）の視覚化を拡張する、vcdパッケージを活用します！　パッケージはあらかじめインストールしておきましょう。

まずは、パッケージをスタンバイさせ、グラフを描画します。

```
library(vcd)

mosaic(SEX ~ CV , data = sample)
```

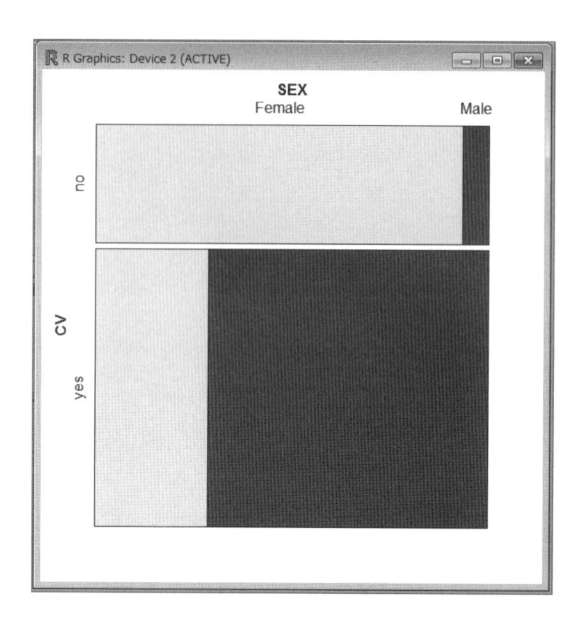

「モザイク図」と呼ばれるこの図は、色分けされた面積が値の大きさを表しています。「CV=yes」かつ「男性」が最も大きい組み合わせですね。

続いて、コンバージョンと接触広告との組み合わせです。

```
mosaic(AD~CV , data = sample)
```

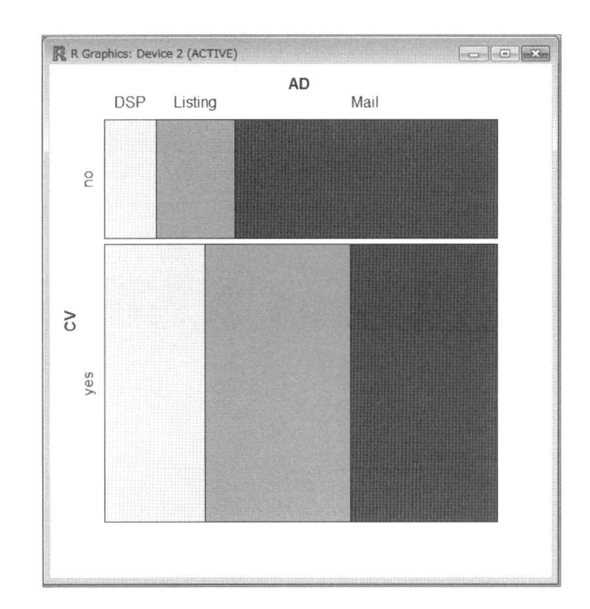

コンバージョンと接触広告と性別を同時に図示したい場合もありますよね。もちろん、できます！

```
mosaic(CV~AD|SEX , data = sample)
```

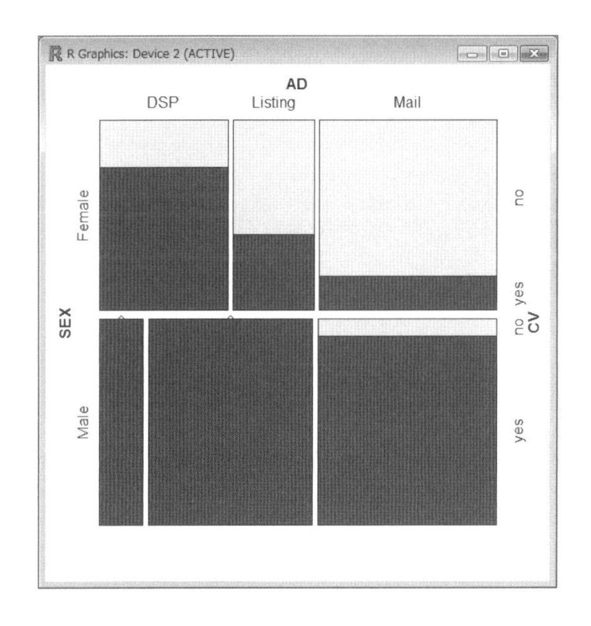

続いて、年齢とコンバージョンについても図示してみましょう。年齢は量的変数、コンバージョンした／しないは質的変数でしたね。こんな時は第3章で紹介した箱ひげ図（ボックスプロット）が便利です。

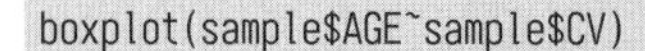

```
boxplot(sample$AGE~sample$CV)
```

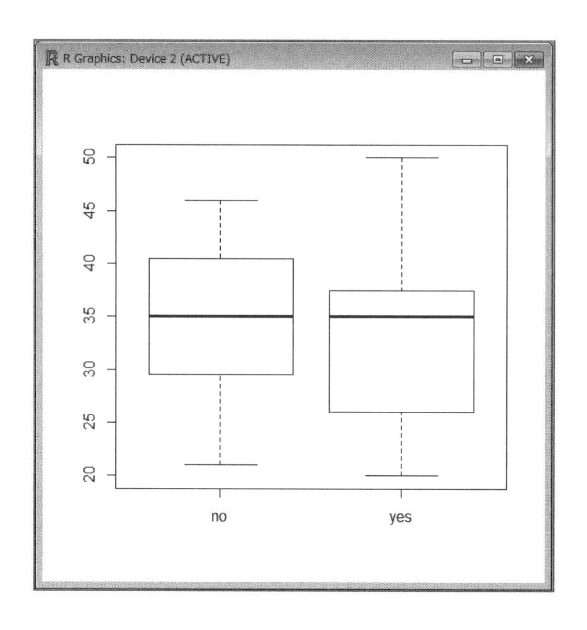

もちろん、第4章で紹介したggplot2を使用することもできます！　図の縦軸にラベル「AGE」を追加しましょう。

```
library(ggplot2)

ggplot(sample, aes(x = CV, y = AGE)) + geom_boxplot()
```

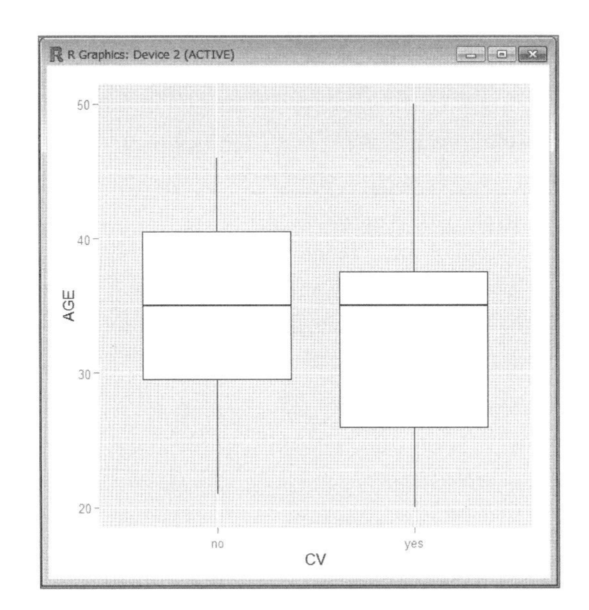

コンバージョンのyes／noで色分けしたいなぁと思ったら、ちょっと追加するだけでできますよ。fill=の後ろで、色分けの基準となる変数を設定します。

```
ggplot(sample, aes(x = CV, y = AGE)) + geom_boxplot(aes(fill = CV))
```

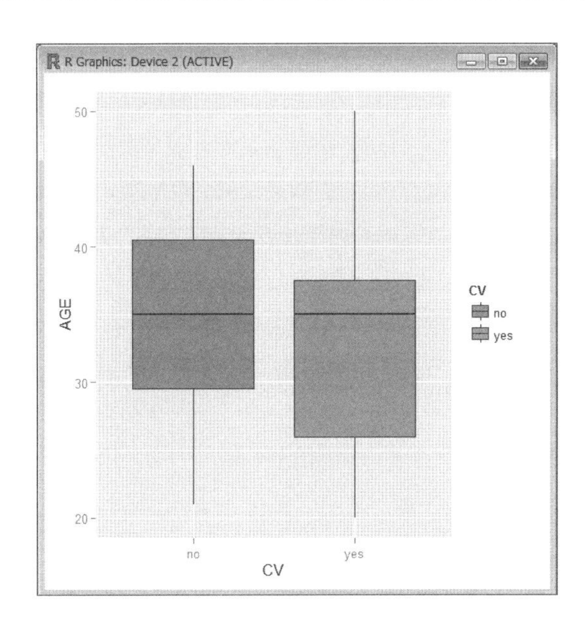

コンバージョンした／しないの違いを決定木で分析

ここまでで性別、年齢、接触広告によって、コンバージョンに違いがありそうなことはわかりました。もう少し突っ込んだ視覚化の方法を紹介していきます。

決定木という手法を使いますが、まずはサックリ動かしてみてから説明に移りますね。パッケージ rpart を読み込みます。

```
library(rpart)

tree<-rpart(CV~id+AGE+SEX+AD,data=sample)
```

コンバージョン（CV）の有無を、ID、AGE、SEX、ADで説明するモデルを構築して結果をtreeに格納します。ここで知りたいのは、「コンバージョンした／しない」を、「年齢」「性別」「広告」などの情報で説明することができないか、ということです。例えば、「若い男性でリスティング広告に接触しているとコンバージョンしやすい」とデータが物語っていれば、施策に落として検証していくことができます。

この場合、CVは**被説明変数**、**目的変数**、**従属変数**などと呼ばれます。また、ID、AGE、SEX、ADは、**説明変数**あるいは**独立変数**と呼ばれます。「~」（チルダ）の左側に被説明変数であるCVを、右側に説明変数を並べていきます。また、説明変数に「.」（ピリオド）を指定すると被説明変数以外のすべての変数を指定することも可能です。data=sampleは、使用するデータのテーブル名です。

ここで、決定木の結果をキレイに出力できるパッケージ partykit が必要になりますので、あらかじめインストールしておいてください。そのあと、以下のコマンドを入力します。

```
library(partykit)

plot(as.party(tree),tp_args=T)
```

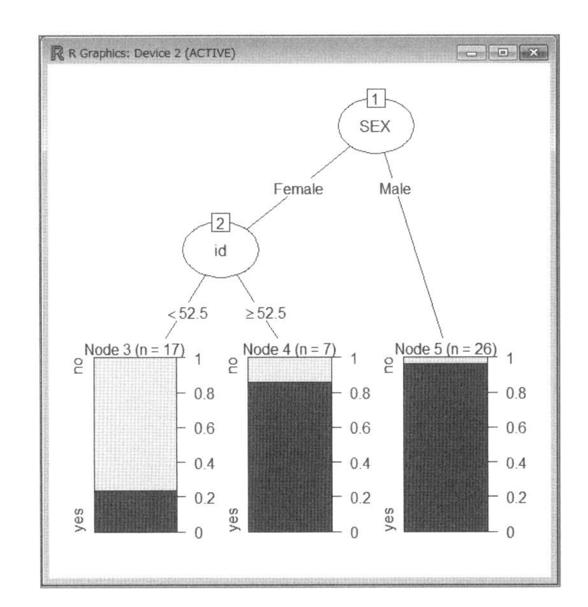

　この図は、上から見ていきます。1つ1つの楕円や箱を「ノード」と言います。この図には5つのノードがあります。コンバージョンしているかどうかを判断するのに、一番上のノード1を見るとSEX（性別）で分割するのがよいとの結果が得られています。

　Male（男性）をたどっていくと、n=26となっているので、26人が男性であることがわかります。コンバージョン（CV）したかどうかは、その下の棒グラフで表されています。yesが濃いグレー、noが薄いグレーとなっており、CV=yesが大半を占めていることが示唆されています。

　一方、Female（女性）をたどると、IDで分割されています。IDが52.5未満か以上かで分岐しています。えーと、確かIDは質的変数でしたよね。

```
str(sample)
```

```
> str(sample)
'data.frame':   50 obs. of  5 variables:
 $ id : int  10 11 12 13 14 15 16 17 18 19 ...
 $ CV : Factor w/ 2 levels "no","yes": 2 2 2 2 2 2 2 2 1 1 ...
 $ AGE: int  38 30 25 38 41 26 26 26 30 21 ...
 $ SEX: Factor w/ 2 levels "Female","Male": 2 2 2 2 2 2 2 2 1 1 ...
 $ AD : Factor w/ 3 levels "DSP","Listing",..: 3 3 3 3 3 2 2 2 3 3 ...
> 
```

str関数でデータの概要を表示したところ、idを見るとintになっています。これはinteger（整数）という意味です。idを質的変数に変換しなくては！

```
sample$id<-as.factor(sample$id)

str(sample)
```

```
> sample$id<-as.factor(sample$id)
> str(sample)
'data.frame':   50 obs. of  5 variables:
 $ id : Factor w/ 50 levels "10","11","12",..: 1 2 3 4 5 6 7 8 9 10 ...
 $ CV : Factor w/ 2 levels "no","yes": 2 2 2 2 2 2 2 2 1 1 ...
 $ AGE: int  38 30 25 38 41 26 26 26 30 21 ...
 $ SEX: Factor w/ 2 levels "Female","Male": 2 2 2 2 2 2 2 2 1 1 ...
 $ AD : Factor w/ 3 levels "DSP","Listing",..: 3 3 3 3 3 2 2 2 3 3 ...
```

よしよし、idがFactor（質的変数）になったところで、気を取り直してもう一度。

```
tree<-rpart(CV~id+AGE+SEX+AD,data=sample)

plot(as.party(tree),tp_args=T)
```

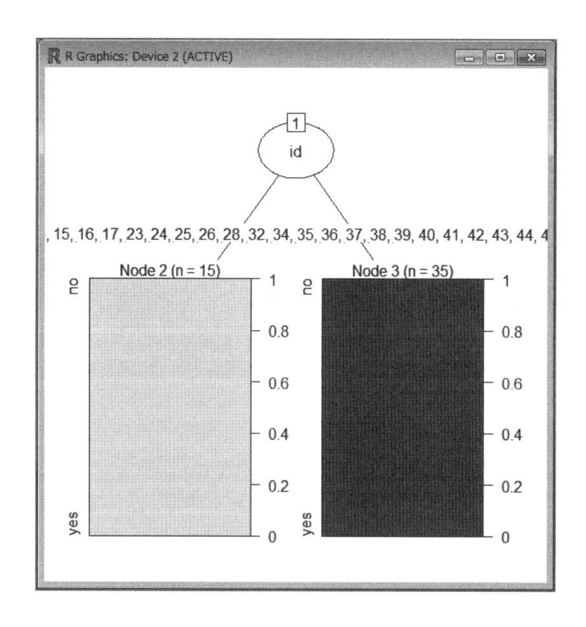

アレレ？　バッチリ分岐してますが、やはりIDで分岐しています。IDの番号が●●の人たちはコンバージョンしていて、▲▲の人たちはしていない、という結果です。ID番号がコンバージョンに影響している？　これはどういうことかと言うと、個人を一対一で識別できるような説明変数を決定木に入れると、データを100%説明できてしまうのです。例えて言うと、同姓同名のいないクラスの生徒を名前で分割するようなものです。でもそれって………、使い道がないですよね。ヤレヤレ。

というわけで、idを説明変数から除いてまたやり直します。

```
tree<-rpart(CV~AGE+SEX+AD,data=sample)

plot(as.party(tree),tp_args=T)
```

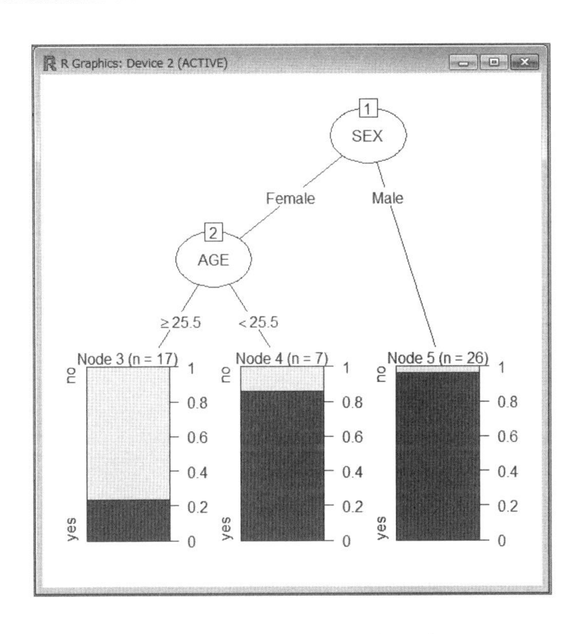

先ほどIDで分割されていたところが、AGE（年齢）に変わっています。女性でも年齢が25.5歳未満だとコンバージョンしている割合が高くなる（86%）可能性があります。ただし、このようなケース（女性かつ25.5歳未満）はn=7、つまり7人しかいない点に注意が必要です。

左端の結果について確認しておくと、このようなケース（女性かつ25.5歳以上）はn=17、つまり17人存在しており、76%がコンバージョンしていない、24%がコンバージョンしているという意味です。

もう1つ、結果を異なる形式で出力してみましょう。rattleとrpart.plotというパッケージを使います。こちらもなかなかにキレイです。

```
library(rattle)

library(rpart.plot)

fancyRpartPlot(tree)
```

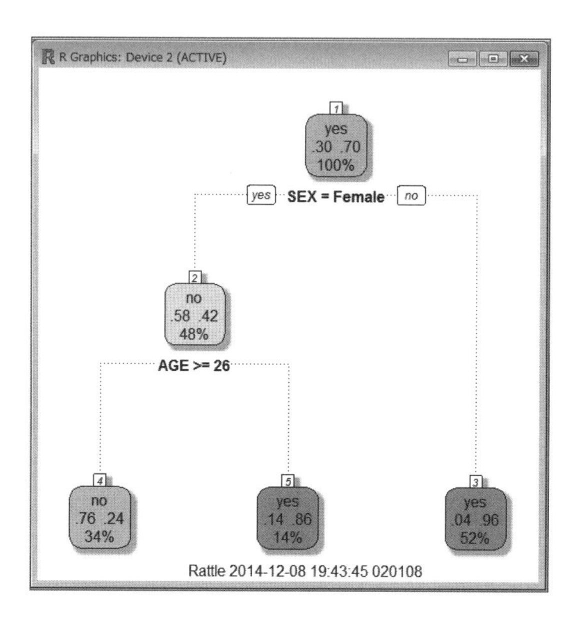

この図はどう読み解いたらよいのでしょうか？　それを理解するために、以下のコマンドを実行してみましょう。

```
tree
```

```
> tree
n= 50

node), split, n, loss, yval, (yprob)
      * denotes terminal node

1) root 50 15 yes (0.30000000 0.70000000)
  2) SEX=Female 24 10 no (0.58333333 0.41666667)
    4) AGE>=25.5 17  4 no (0.76470588 0.23529412) *
    5) AGE< 25.5 7  1 yes (0.14285714 0.85714286) *
  3) SEX=Male 26  1 yes (0.03846154 0.96153846) *
```

先ほどの図は、tree に格納した分析結果をわかりやすく図示したものなのです。この出力結果と図を見比べると、その意味がわかると思います。

図の見方を上から説明していきますね。一番上のノードは「yes」とあります。このノードが出力結果における「root」です。

```
1) root 50 15 yes (0.30000000 0.70000000)
```

この出力結果は、コンバージョンについては、50 人のユーザーのうち、15 人が no、つまり 30%が no で、70%が yes となっています。ノードの上部には多い方の「yes」が表示され、「no：.30（=30%）、yes：.70（=70%）」と、コンバージョン率が記載されています。そして、このノードは全データに基づく（100%）ことを示しています。

このノードの下には「SEX = Female」と太字で書かれており、左に「yes」、右に「no」と分岐しています。次に、「SEX = Female」が no、つまり、Male（男性）を表す右下のノードを見てみましょう。ここにも「yes」と書かれています。つまり男性では yes の人の方が多いことを表しています。

```
3) SEX=Male 26  1 yes (0.03846154 0.96153846) *
```

対応する出力結果の見方は、男性 26 人のうち 1 人が「no」で、0.96（96%）がコンバージョンしています。このノードの下部に表示されている「52%」は、このノードに含まれている男性は、ユーザー全体の 52%（50 人のうち 26 人）であることを表しています。

先ほど使ったpartykitとrattleは、必要に応じて使い分けて頂ければと思います。

 まとめ

第5章では、クロス集計、モザイク図、決定木に加えて、変数の種類について学んできました。変数の種類の理解はとっても大事なものです。

- 手元にあるデータは質的変数なのか量的変数なのか？
- 知りたいこと(被説明変数)があって、要因(説明変数)を特定したいのか？
- まずは大雑把に顧客をグルーピングしたい。

などなど、使用するデータの種類とやりたいことに応じて、分析手法を選択する必要があるからです。

「ダミー変数」でデータをまとめてクラスター分析

単位が違うデータは「標準化／基準化」でGo!

第6章では、大量にあるデータをグループ化してまとめて把握するコツを紹介します。さらに、単位が違うデータを同じ土俵にのせて分析する際の必須処理である「標準化／基準化」についても触れていきます。

上手にデータをまとめてクラスター分析

本書もいよいよ後半に入りましたが、無骨なコンソール画面にもそろそろ慣れていただけたでしょうか。

さてさて、大量にあるデータをまとめて俯瞰したいと思ったことはありませんか？　例えば、「似ている人や似ている広告をまとめてグループを作りたい」みたいな。上手にデータをまとめることができれば、それぞれのグループの特徴を簡単に把握することができます。今回、ご紹介する分析は以下のようなイメージとなります。行方向で集約する、この手法を**「クラスター分析」**と言います。

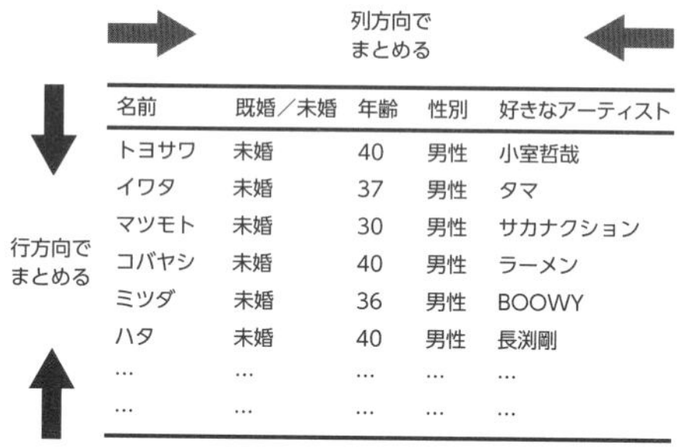

名前	既婚／未婚	年齢	性別	好きなアーティスト
トヨサワ	未婚	40	男性	小室哲哉
イワタ	未婚	37	男性	タマ
マツモト	未婚	30	男性	サカナクション
コバヤシ	未婚	40	男性	ラーメン
ミツダ	未婚	36	男性	BOOWY
ハタ	未婚	40	男性	長渕剛
…	…	…	…	…
…	…	…	…	…

行方向に集約するクラスター分析と列方向に集約する因子分析、主成分分析

ちなみに、大量にある変数を列方向で集約する手法もあり、代表的なものは「因子分析」「主成分分析」などと呼びます。

ただし！　上記のデータの持ち方では分析手法が適用できないため、今回は**「ダミー変数」**という、とっても役立つデータについても解説していきます。男性／女性といったそのままでは扱いの難しい質的変数／カテゴリカルデータ（第5章参照）も分析の対象にできる優れものです。名前は胡散臭い感がありますが、使い勝手の良いイケテルヤツです。

しかも！　Rはパッケージを活用することで、このダミー変数をサックリ作成できます。これ本当に便利です。ぜひ、皆さんと共有していきたいと思います。本章ではもう少し欲張って、単位が違っていたり、平均が異なっているデータを扱う時に必須の処理である**「標準化／基準化」**についても触れていきます。

使い勝手の良い「ダミー変数」

さて、まずは今回のサンプルデータですが、第5章と同じ、CV_data.csv を使います。R の中でこのデータがどう扱われているのか確認してみましょう。例のごとく R にデータを読み込みます。

```
sample1<-read.csv("c:/data/CV_data.csv")
```

R 上で、各変数がどのように扱われているかを確認します。

```
str(sample1)
```

```
> str(sample1)
'data.frame':   50 obs. of  5 variables:
 $ id : int  10 11 12 13 14 15 16 17 18 19 ...
 $ CV : Factor w/ 2 levels "no","yes": 2 2 2 2 2 2 2 2 1 1 ...
 $ AGE: int  38 30 25 38 41 26 26 26 30 21 ...
 $ SEX: Factor w/ 2 levels "Female","Male": 2 2 2 2 2 2 2 2 1 1 ...
 $ AD : Factor w/ 3 levels "DSP","Listing",..: 3 3 3 3 3 2 2 2 3 3 ...
```

このデータに含まれる変数をおさらいしておきます。

- id：ユーザーID
- CV：コンバージョンした／していない（yes／no）
- AGE：年齢
- SEX：男性 / 女性（Male／Female）
- AD：接触した広告（DSP／Mail／Listing）

ここまではいいのですが、その横にある int や Factor はなんでしょう？ int は integer つまり「整数」であることから、第5章で説明した「量的変数」になります。Factor は「質的変数」または「カテゴリカルデータ」です。

「w/ 2 levels」は「with 2 levels」で、この変数には level が2つあるという意味になります。

この場合の level は「水準」なんて言ったりします。つまり、質的変数の種類（＝水準数）を表しています。

- コンバージョン：yes、no → 2 levels
- 性別：Male、Female → 2 levels
- 接触広告：Mail、Listing、DSP → 3 levels

さてさて、R 上でそれぞれの変数がどう認識されているかが確認できましたが、このままのデータの持ち方では今回の分析手法を適用できないのです。でも、こんな格好のデータを……

	A	B	C	D	E
1	id	CV	AGE	SEX	AD
2	10	yes	38	Male	Mail
3	11	yes	30	Male	Mail
4	12	yes	25	Male	Mail
5	13	yes	38	Male	Mail
6	14	yes	41	Male	Mail
7	15	yes	26	Male	Listing
8	16	yes	26	Male	Listing
9	17	yes	26	Male	Listing
10	18	no	30	Female	Mail
11	19	no	21	Female	Mail
12	20	no	31	Female	Mail

以下のようにできると、質的変数も量的変数として扱うことができるようになります。

	A	B	C	D	E	F	G	H	I
1	id	CV.no	CV.yes	AGE	SEX.Female	SEX.Male	AD.DSP	AD.Listing	AD.Mail
2	10	0	1	38	0	1	0	0	1
3	11	0	1	30	0	1	0	0	1
4	12	0	1	25	0	1	0	0	1
5	13	0	1	38	0	1	0	0	1
6	14	0	1	41	0	1	0	0	1
7	15	0	1	26	0	1	0	1	0
8	16	0	1	26	0	1	0	1	0
9	17	0	1	26	0	1	0	1	0
10	18	1	0	30	1	0	0	0	1
11	19	1	0	21	1	0	0	0	1
12	20	1	0	31	1	0	0	0	1

列の数が増えて、0 や 1 がたくさん並んでいます。このように、元の変数を 0 と 1 に置き換えたものを**「ダミー変数」**と呼びます。性別を、男性なら 1、女性なら 0 のように表します。データ分析におけるお作法みたいなものなので覚えていると役立ちます。

変数の数が多い時に役立つパッケージ

でも扱う変数の数が膨大になってくると、水準数ごとにダミー変数を作成するのもなかなか大変な作業になっちゃいます。そこで！ ここで役に立つパッケージがこちらです。

- caret
- ggplot2

caret は予測モデルを構築する際に役立つモデルやデータを簡単に選択できる機能を含んでいます。前章までにご紹介した ggplot2 も合わせて読み込みます。さっそくパッケージをインストールしましょう。以下のコマンドで使用可能になります。

```
library(caret)

library(ggplot2)
```

さらに、2 行のおまじないで、あっという間に質的変数（カテゴリカルデータ）をダミー変数に加工できます！

```
tmp <- dummyVars(~., data=sample1)

sample1.dummy <- as.data.frame(predict(tmp, sample1))
```

このコマンドについて少し補足します。

- 1 行目 dummyVars の「~.」：この「~」（チルダ）の後ろにある「.」（ピリオド）は、すべての質的変数を対象とすることを意味します。
- data=sample1：「対象とするデータは sample1 ですよ！」の意味です。
- 2 行目は 1 行目で作成したデータ tmp を使って、sample1 の質的変数をダミー変数に変換して、sample1.dummy に格納します。

意図通り加工できているか確認しましょう。

1
2
3
4
5
6
7
8
対談

```
head(sample1.dummy)
```

```
> head(sample1.dummy)
  id CV.no CV.yes AGE SEX.Female SEX.Male AD.DSP AD.Listing AD.Mail
1 10     0      1  38          0        1      0          0       1
2 11     0      1  30          0        1      0          0       1
3 12     0      1  25          0        1      0          0       1
4 13     0      1  38          0        1      0          0       1
5 14     0      1  41          0        1      0          0       1
6 15     0      1  26          0        1      0          1       0
```

111 ページで、「Factor」つまり質的変数と表示された CV には、yes と no の 2 つの水準がありました。これが、CV.yes と CV.no という 2 つのダミー変数に分かれ、見事に 0 と 1 に変換されています。SEX や AD も同様です。

単位が異なる変数を扱うためのワザ、それが「標準化／基準化」

分析を行っていると、単位が異なるデータを扱わないといけない場面に遭遇することがあります。こんな時に大活躍するのが **「標準化／基準化」** です（以降では、標準化と呼びます）。

ん……？　わかったつもりで流したけど、そもそも「単位が異なる」ってどういう状況なのでしょうか。例えば、ある人の総合的な身体能力を測りたいとします。競技および評価指標としては以下の 6 つを用いたとしましょう。

- 100m 競争のタイム（秒）
- 跳び箱の段数（段数）
- 遠投の距離（メートル）
- 1 分間の反復横跳びの回数（回数）
- 腕立ての回数（回数）
- 1km 水泳のタイム（秒）

さて、これらの項目からどのようにして総合的な判断を下せばよいでしょうか？　それぞれの競技の順位を用いて合計し、小さい順に身体能力が高いとするのがいいでしょうか？　確かにそれも一案ではあります。ただ、せっかく秒単位で記録している情報を順位に変換することが本当に望ましいのでしょうか？　また、重視したい競技があったらどうするのがよいのでしょう？

ここで重要なポイントはそれぞれの競技の**単位が異なっている**という点です。秒単位の競技の結果と回数単位の競技の結果をそのまま足したり引いたりするのは、直感的にも何かおかしな結果になることは容易に想像がつきますね。

そこで、それぞれの競技を同じテーブルにのせるために「標準化」というテクニックを用いることで、単位を気にしなくてもよい状況にした上でそれぞれの変数を合計することができるようになります。

昔懐かしい「偏差値」みたいなものです。もちろん小さい方が良かったり（水泳のタイムとか）、大きい方が良かったり（遠投の距離とか）する場合は－（マイナス）を掛けて、そろえてあげる必要があります。

次に、ただ合計するのではなく、それぞれの競技ごとに重み付けを行い、合計することで評価者の希望を反映した指標を作成することができます。ちなみに標準化すると、**平均値は 0**、ばらつきの指標である**標準偏差は 1** となります。

1
2
3
4
5
6
7
8
対談

標準化の操作

それではさっそく、R で標準化の操作を行ってみましょう！　あらためて確認ですが、ここで使うサンプルデータに含まれる変数はこちらです。

- id：ユーザーID
- CV：コンバージョンした／していない（yes／no）
- AGE：年齢
- SEX：男性 / 女性（Male／Female）
- AD：接触した広告（DSP／Mail／Listing）

```
scale.dummy<-scale(sample1.dummy[,2:9])
```

scale関数を使うと簡単に標準化を実行できます！ sample1.dummy[,2:9]は、sample1.dummyの2列目から9列目という意味でした。確認してみましょう。

```
head(scale.dummy)
```

```
> head(scale.dummy)
       CV.no     CV.yes        AGE SEX.Female  SEX.Male     AD.DSP AD.Listing
1 -0.6480741 0.6480741  0.6379579 -0.9511127 0.9511127 -0.5257473 -0.6790998
2 -0.6480741 0.6480741 -0.4667311 -0.9511127 0.9511127 -0.5257473 -0.6790998
3 -0.6480741 0.6480741 -1.1571618 -0.9511127 0.9511127 -0.5257473 -0.6790998
4 -0.6480741 0.6480741  0.6379579 -0.9511127 0.9511127 -0.5257473 -0.6790998
5 -0.6480741 0.6480741  1.0522163 -0.9511127 0.9511127 -0.5257473 -0.6790998
6 -0.6480741 0.6480741 -1.0190757 -0.9511127 0.9511127 -0.5257473  1.4430870
    AD.Mail
1  1.072583
2  1.072583
3  1.072583
4  1.072583
5  1.072583
6 -0.913682
```

どうやら標準化されたようですが、念のため個々の数値で確認。

```
summary(scale.dummy)
```

```
> summary(scale.dummy)
     CV.no              CV.yes               AGE              SEX.Female     
 Min.   :-0.6481   Min.   :-1.5122   Min.   :-1.8476   Min.   :-0.9511  
 1st Qu.:-0.6481   1st Qu.:-1.5122   1st Qu.:-0.7084   1st Qu.:-0.9511  
 Median :-0.6481   Median : 0.6481   Median : 0.2237   Median :-0.9511  
 Mean   : 0.0000   Mean   : 0.0000   Mean   : 0.0000   Mean   : 0.0000  
 3rd Qu.: 1.5122   3rd Qu.: 0.6481   3rd Qu.: 0.6380   3rd Qu.: 1.0304  
 Max.   : 1.5122   Max.   : 0.6481   Max.   : 2.2950   Max.   : 1.0304  
    SEX.Male            AD.DSP           AD.Listing          AD.Mail       
 Min.   :-1.0304   Min.   :-0.5257   Min.   :-0.6791   Min.   :-0.9137  
 1st Qu.:-1.0304   1st Qu.:-0.5257   1st Qu.:-0.6791   1st Qu.:-0.9137  
 Median : 0.9511   Median :-0.5257   Median :-0.6791   Median :-0.9137  
 Mean   : 0.0000   Mean   : 0.0000   Mean   : 0.0000   Mean   : 0.0000  
 3rd Qu.: 0.9511   3rd Qu.:-0.5257   3rd Qu.: 1.4431   3rd Qu.: 1.0726  
 Max.   : 0.9511   Max.   : 1.8640   Max.   : 1.4431   Max.   : 1.0726  
>
```

平均値（Mean）は0になっていますね。標準偏差も1になっているか確認したいところです。psychのパッケージを使うことで簡単に出せますよ！ psychのパッケージをインストールしてから、以下のコマンドを入力します。

```
library(psych)

describe(scale.dummy)
```

```
> describe(scale.dummy)
            vars  n mean sd median trimmed  mad   min  max range  skew
CV.no          1 50    0  1  -0.65   -0.11 0.00 -0.65 1.51  2.16  0.85
CV.yes         2 50    0  1   0.65    0.11 0.00 -1.51 0.65  2.16 -0.85
AGE            3 50    0  1   0.22    0.02 0.92 -1.85 2.29  4.14 -0.16
SEX.Female     4 50    0  1  -0.95   -0.01 0.00 -0.95 1.03  1.98  0.08
SEX.Male       5 50    0  1   0.95    0.01 0.00 -1.03 0.95  1.98 -0.08
AD.DSP         6 50    0  1  -0.53   -0.17 0.00 -0.53 1.86  2.39  1.31
AD.Listing     7 50    0  1  -0.68   -0.10 0.00 -0.68 1.44  2.12  0.75
AD.Mail        8 50    0  1  -0.91   -0.02 0.00 -0.91 1.07  1.99  0.16
            kurtosis   se
CV.no          -1.31 0.14
CV.yes         -1.31 0.14
AGE            -0.66 0.14
SEX.Female     -2.03 0.14
SEX.Male       -2.03 0.14
AD.DSP         -0.28 0.14
AD.Listing     -1.47 0.14
AD.Mail        -2.01 0.14
```

やれやれ、大量に出力されてしまいました。mean（平均値）、sd（標準偏差）、median（中央値）に注目し、他の指標はここではいったん横に置いておきましょう。sd（標準偏差）はすべて1になっていますね。

続いて、AGE（年齢）を例に取り上げて、標準化の前後で比較を行ってみましょう。

```
AGE<-data.frame(cbind(sample1.dummy[,4],scale.dummy[,3]))
```

このコマンドも解説しておきます。

- data.frame()：R上でデータを扱いやすくするおまじないです。
- cbind(a,b)：aとbの変数をくっつけて新しいテーブルを作成します。
- sample1.dummy[,4]：標準化前のAGEを選択
- scale.dummy[,3]：標準化後のscale.AGEを選択

```
names(AGE)<-c("AGE","scale.AGE")
```

確認してみましょう。

```
head(AGE)
```

```
> head(AGE)
  AGE  scale.AGE
1  38  0.6379579
2  30 -0.4667311
3  25 -1.1571618
4  38  0.6379579
5  41  1.0522163
6  26 -1.0190757
> |
```

うまいこといってますね！　AGEは標準化前の年齢、scale.AGEは標準化後の年齢です。

続いて復習を兼ねて視覚化してみましょう。gridExtraというパッケージを追加で読み込みます。これによって、異なるグラフを並べて表示するgrid.arrange関数を使用できるようになります。あらかじめパッケージをインストールしてから以下のコマンドを入力します。

```
library(gridExtra)
```

標準化の前と後でヒストグラムを描きます（コマンドの詳細は第4章をご覧ください）。

```
p1<-ggplot(AGE,aes(x=AGE)) + geom_histogram()

p2<-ggplot(AGE,aes(x=scale.AGE)) + geom_histogram()

grid.arrange(p1,p2,nrow = 1, ncol=2,main=textGrob("ヒストグラム"))
```

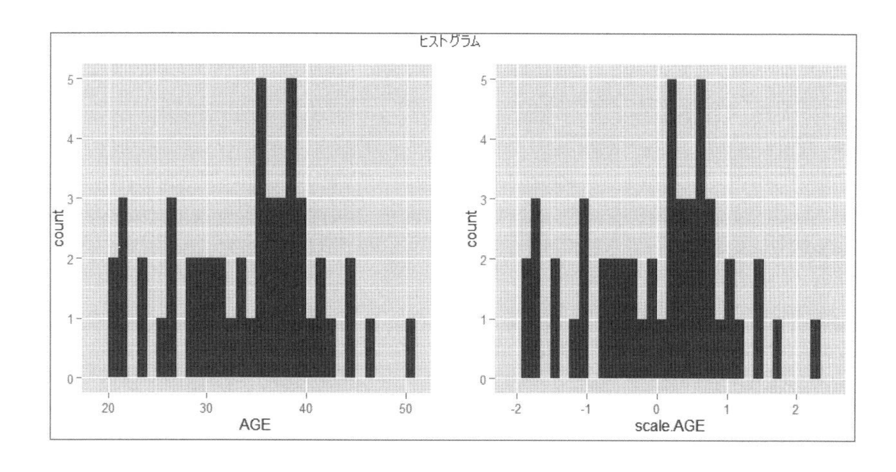

左側が標準化前、右側が標準化後です。まず、形は同一ですね。ただ、1つ違うのは……、横軸の数値が異なっています。そうなんです。標準化後は、この例ではおおむね－2から＋2の間に入っています。

ついでに散布図も書いてみましょう。

```
ggplot(AGE,aes(x=AGE,y=scale.AGE))+geom_point()
```

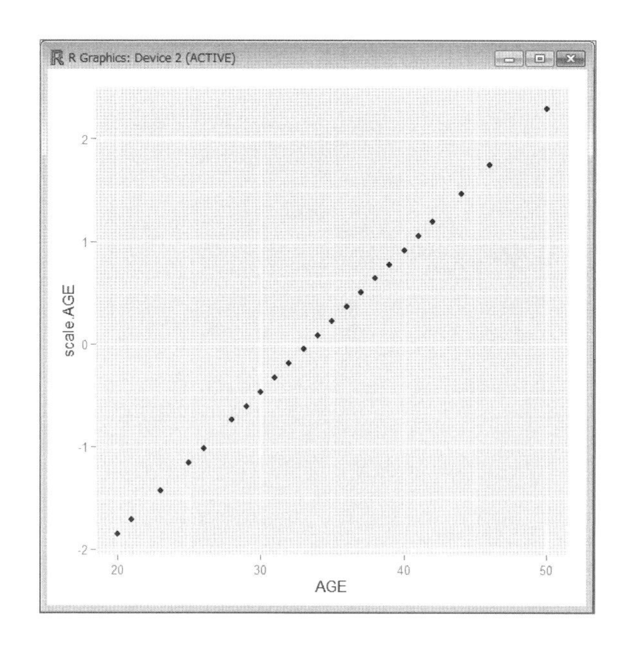

見事に右上がりの一直線上に乗っていますね。ここで、第4章で説明した、2つの数字の間の関係の強さを測る指標「相関係数」を計算してみましょう。cor関数を使います。

```
cor(AGE)
```

```
> cor(AGE)
          AGE scale.AGE
AGE         1         1
scale.AGE   1         1
```

AGEとscale.AGEの相関係数が1であることも確認できました。

クラスター分析でグループを作る ～階層クラスターとkmeansクラスター～

ここからは、先ほど作成した標準化後のデータを使って、似ているものどうしでグループを作ってみましょう。使用する方法は次の2つです。

1. 階層クラスター
2. kmeans（K平均）クラスター

「クラスター」とは「固まり」や「群れ」、「同じ種類の物や人の集合」という意味です。

階層クラスター分析

階層クラスター分析を行う前に、**「距離行列」**というものを作成する必要があります。似ていると距離が近くなり、似ていないと距離が遠くなる、そんなイメージです。距離行列を求めて、d1という名前を付けましょう。

```
d1<-dist(scale.dummy)
```

続いて、階層クラスター分析を行い、cluster1に格納します。

```
cluster1<-hclust(d1,method="ward.D2")
```

気合を入れて実行しましたが、たったこれだけです。このコマンドを説明しましょう。

- hclust()：()内の1つ目の変数は、先ほど作成した距離行列を指定します。
- method=の後は、階層クラスター分析の手法を指定します。いろいろな手法がありますが、ここではポピュラーな「ウォード（ward）法」を使用してみましょう。
- "ward.D2"：Rのバージョンが3.1以上であれば"ward.D2"を指定してください。3.0以下であれば"ward.D"と指定します。
- ウォード法について調べたい時は、help(hclust)と入力すると、ヘルプ（英語）を参照できます。

階層クラスター分析の結果を図示するには、以下のように入力してください。

```
plot(cluster1)
```

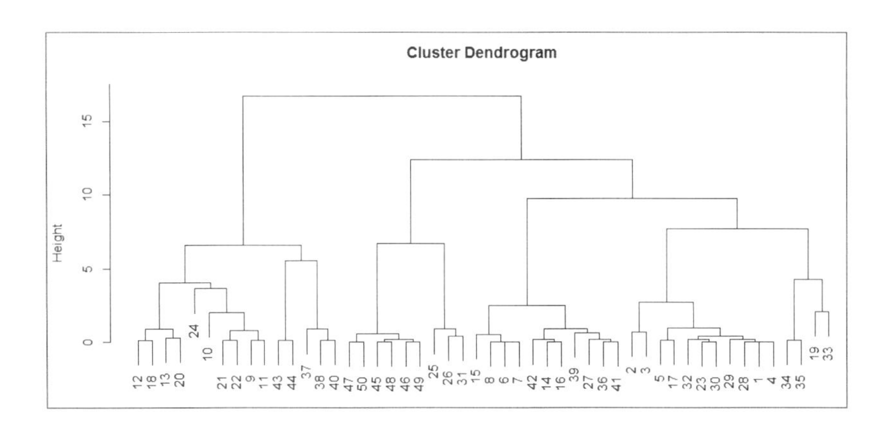

この結果を見ると大きく2つに分割された後、細かく分岐していることが確認できますね。せっかくですので、この結果を使って何かしてみたいですよね！（半分強制）

ただし、細かくグループ分けしてしまうと、一人一人のデータになってしまうので使い道がありません。ここでは、上の図の結果を使って4つに分類してみます。

```
cutree1<-data.frame(cutree(cluster1,k=4))
```

cluster1を使用してk=4で4つのグループ（クラスター）に分ける設定しています。内容を確認すると……

```
head(cutree1)
```

```
  cutree.cluster1..k...4.
1                       1
2                       1
3                       1
4                       1
5                       1
6                       2
```

1つ1つのデータに対して、どのクラスターに属しているかが表示されていますね。

kmeans クラスター分析

クラスター分析のもう1つの手法であるkmeans（K平均）を使ってみましょう。ここでも4つのグループに分割してみます。kmeansは、指定したグループに分割してくれるのでなかなか使い勝手が良い手法です。しかしながら、分割する際の基準がランダムであるため結果が大きく異なってしまう可能性があること、適切なグループ数（クラスター数）が不明であるという欠点があります。

そのため本書では、この点を考慮したパッケージykmeansを使います！ykmeansは複数回（初期設定は100回）kmeansを実行して、これらの問題に対応している優れものです。ykmeansの使用方法は以下の通りです。

```
ykmeans(x, name, target, cluster, n=N)
```

xは使用するデータセット、**name**は使用する変数名、**target**はクラスター内での類似基準となる変数、**cluster**はクラスター数（例えば3:6とすると3〜6の中で適切なクラスター数を選択）、**N**は試行回数です。

ykmeansの詳細については、開発者の里 洋平氏が以下のサイトで解説しています。興味のある方はご参照ください。
http://d.hatena.ne.jp/yokkuns/20140316/1394975943

では、ykmeansをインストールし、以下のコマンドを実行します。

```
library(ykmeans)

name<- names(data.frame(scale.dummy))

kmeans<- ykmeans(data.frame(scale.dummy), name,"CV.yes",4,n=500)
```

1つ目のコマンドはykmeansを有効にするためのもの。2つ目のコマンドは、data.frame()を使って、scale.dummyをRで使いやすい形式に変換し、変数名をnameに取り込んでいます。3つ目のコマンドでは、ykmeansを使ってkmeansを実行し、4つのクラスターに分割。その際にCV.yesの結果がクラスターの中で同じになるようにします。さらに、500回kmeansを実行して、最も多い結果が採用されるようになっています。

ただし、繰り返しになりますが、kmeansは結果が常に同じになる保証はありません。本書の実行結果と皆さんの結果が違っている場合もあります。それは、ykmeansというパッケージを使っても変わらないので、その点はご了承ください。

念のため使用している変数名と分析結果を確認します。

```
name

table(kmeans$cluster)
```

```
> name
[1] "CV.no"      "CV.yes"     "AGE"        "SEX.Female" "SEX.Male"   "AD.DSP"
[7] "AD.Listing" "AD.Mail"
> table(kmeans$cluster)

 1  2  3  4
15  8  2 25
```

 階層クラスターと kmeans クラスターの分析結果を比較

では、階層クラスター分析の結果とkmeans（ykmeans）の結果を、本章のサンプルデータ（sample1）とマージします。

```
result<-cbind(sample1,data.frame(kmeans$cluster),cutree1)
```

これで、クラスター分析の結果と元のサンプルデータを1つのテーブルにで

きました。続いて、resultの中の変数名を以下のコマンドで変更します。

```
names(result)<-c("ID","CV","AGE","SEX","AD","kmeans","cluster")
```

では、それぞれのクラスターの特徴を見てみましょう!

```
by(result[2:5],result$cluster,summary)
```

```
> by(result[2:5],result$cluster,summary)
result$cluster: 1
   CV          AGE              SEX            AD
 no : 0   Min.   :25.00   Female: 4   DSP    : 0
 yes:15   1st Qu.:36.00   Male  :11   Listing: 2
          Median :37.00               Mail   :13
          Mean   :37.27
          3rd Qu.:38.50
          Max.   :50.00
------------------------------------------------------------
result$cluster: 2
   CV          AGE              SEX            AD
 no : 0   Min.   :26.00   Female: 0   DSP    : 0
 yes:11   1st Qu.:27.50   Male  :11   Listing:11
          Median :33.00               Mail   : 0
          Mean   :31.82
          3rd Qu.:35.00
          Max.   :39.00
------------------------------------------------------------
result$cluster: 3
   CV          AGE             SEX            AD
 no :15   Min.   :21.0   Female:14   DSP    : 2
 yes: 0   1st Qu.:29.5   Male  : 1   Listing: 3
          Median :35.0               Mail   :10
          Mean   :35.2
          3rd Qu.:40.5
          Max.   :46.0
------------------------------------------------------------
result$cluster: 4
   CV         AGE             SEX           AD
 no :0   Min.   :20.00   Female:6   DSP    :9
 yes:9   1st Qu.:21.00   Male  :3   Listing:0
         Median :23.00              Mail   :0
         Mean   :25.78
         3rd Qu.:31.00
         Max.   :38.00
```

階層クラスター分析では、クラスター1はメール広告に接触したユーザーが多く(13件)、男性が多い(11件)。クラスター2は接触広告がリスティングで、性別は男性のみ。クラスター3にコンバージョンしていないユーザーが集められています。クラスター4は接触広告がDSPのみとなっています。

続いて、kmeansの結果も確認しましょう。

```
by(result[2:5],result$kmeans,summary)
```

```
> by(result[2:5],result$kmeans,summary)
result$kmeans: 1
   CV          AGE            SEX           AD    
 no :15   Min.   :21.0   Female:14   DSP    : 2  
 yes: 0   1st Qu.:29.5   Male  : 1   Listing: 3  
          Median :35.0               Mail   :10  
          Mean   :35.2                           
          3rd Qu.:40.5                           
          Max.   :46.0                           
-------------------------------------------------------
result$kmeans: 2
   CV          AGE             SEX          AD    
 no :0    Min.   :20.00   Female:8   DSP    :6  
 yes:8    1st Qu.:20.75   Male  :0   Listing:0  
          Median :22.00              Mail   :2  
          Mean   :26.62                         
          3rd Qu.:26.00                         
          Max.   :50.00                         
-------------------------------------------------------
result$kmeans: 3
   CV          AGE             SEX          AD    
 no :0    Min.   :25.00   Female:0   DSP    :0  
 yes:2    1st Qu.:26.25   Male  :2   Listing:0  
          Median :27.50              Mail   :2  
          Mean   :27.50                         
          3rd Qu.:28.75                         
          Max.   :30.00                         
-------------------------------------------------------
result$kmeans: 4
   CV          AGE             SEX           AD    
 no : 0   Min.   :26.00   Female: 2   DSP    : 3  
 yes:25   1st Qu.:33.00   Male  :23   Listing:13  
          Median :36.00               Mail   : 9  
          Mean   :34.92                           
          3rd Qu.:38.00                           
          Max.   :42.00                           
```

kmeansクラスター分析ではクラスター1がコンバージョンしていないユーザーとなっています。クラスター2は20代の女性が多い。クラスター3は接触広告がメールマガジンのコンバージョンした男性ですが、2件しかありません。クラスター4はコンバージョンしたユーザーのみとなっています。

クラスター分析の結果に決定木を用いて、データの構造を明らかに

2つのクラスター分析から結果をサクッと得ることができました。しかしながら、なぜこのようなグループ分けになったのかについては、これらの結果からはよくわかりません。クラスターごとに性別や接触した広告を1つ1つクロス集計で確認していくこともできなくはないですが、扱う変数の数が多くなってしまうと深夜0時から始まる『乃木坂って、どこ？』の放送に間に合わなくなってしまう可能性が高い。これは避けたいところです。

ご安心ください。ここは第5章で紹介した「決定木」を使って、あっさり越えていきましょう。で、次の説明はとってもとっても大事です。何が大事かと言うと、今回の階層クラスター分析と kmeans クラスター分析の結果は数値データで得られています。が、**これらの数字の大小に意味はないんです！！！** ないの。ただのラベルなの。代わりはいるもの。

```
str(result)
```

```
> str(result)
'data.frame':   50 obs. of  7 variables:
 $ id     : int  10 11 12 13 14 15 16 17 18 19 ...
 $ CV     : Factor w/ 2 levels "no","yes": 2 2 2 2 2 2 2 2 1 1 ...
 $ AGE    : int  38 30 25 38 41 26 26 26 30 21 ...
 $ SEX    : Factor w/ 2 levels "Female","Male": 2 2 2 2 2 2 2 2 1 1 ...
 $ AD     : Factor w/ 3 levels "DSP","Listing",..: 3 3 3 3 3 2 2 2 3 3 ...
 $ kmeans : num  4 3 3 4 4 4 4 1 1 1 ...
 $ cluster: int  1 1 1 1 1 2 2 2 3 3 ...
```

result の内容を確認すると kmeans が「num」、cluster が「int」といずれも量的変数になってます。質的変数の「Factor」に変えないとダメ、ゼッタイ。

```
result$kmeans<-as.factor(result$kmeans)

result$cluster <-as.factor(result$cluster)

str(result)
```

```
> result$kmeans<-as.factor(result$kmeans)
> result$cluster <-as.factor(result$cluster)
> str(result)
'data.frame':   50 obs. of  7 variables:
 $ id     : int  10 11 12 13 14 15 16 17 18 19 ...
 $ CV     : Factor w/ 2 levels "no","yes": 2 2 2 2 2 2 2 2 1 1 ...
 $ AGE    : int  38 30 25 38 41 26 26 26 30 21 ...
 $ SEX    : Factor w/ 2 levels "Female","Male": 2 2 2 2 2 2 2 2 1 1 ...
 $ AD     : Factor w/ 3 levels "DSP","Listing",..: 3 3 3 3 3 2 2 2 3 3 ...
 $ kmeans : Factor w/ 4 levels "1","2","3","4": 4 3 3 4 4 4 4 4 1 1 ...
 $ cluster: Factor w/ 4 levels "1","2","3","4": 1 1 1 1 1 2 2 2 3 3 ...
```

それぞれFactorに変わりました！

では、第5章の説明を踏まえて、決定木分析を行ってみましょう。rpart、rattle、rpart.plot の3つのパッケージをインストールした上で、以下のコマンドを入力します。

```
library(rpart)

library(rattle)

library(rpart.plot)
```

続いて2つの分析結果を、tree1 と tree2 にそれぞれ格納します。

```
tree1<-rpart(result$kmeans~CV+AGE+SEX+AD,data=result)

tree2<-rpart(result$cluster~CV+AGE+SEX+AD,data=result)
```

では、tree1、つまり kmeans クラスター分析の結果を出力します。

```
fancyRpartPlot(tree1)
```

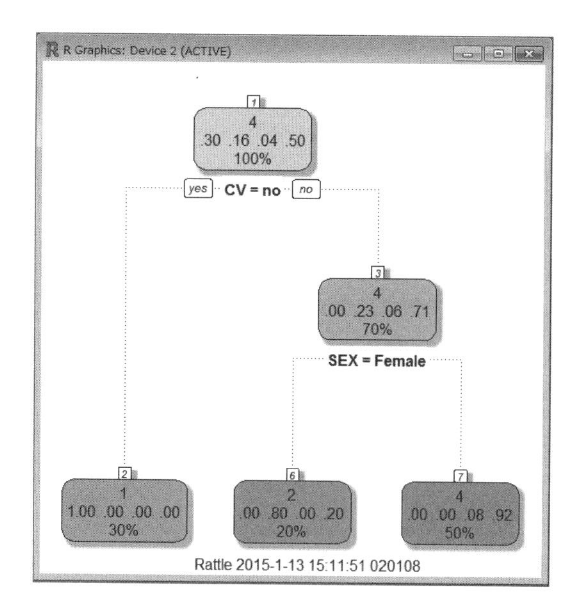

続いて、tree2、つまり階層クラスター分析の結果です。

```
fancyRpartPlot(tree2)
```

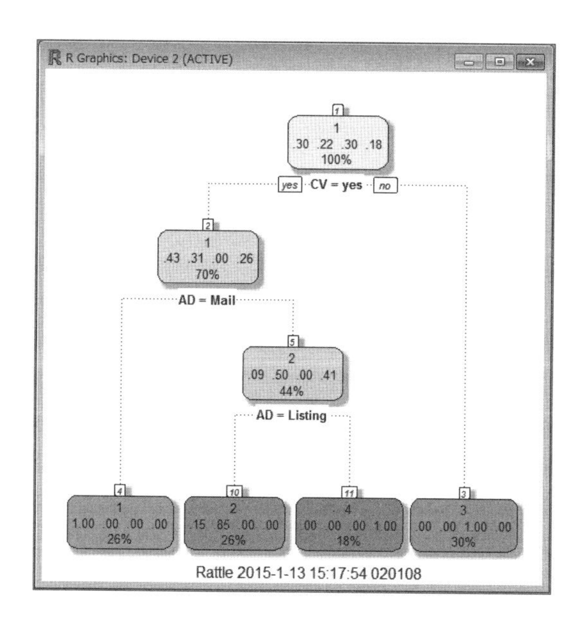

まず、階層クラスター分析のtree2の結果を例に取って解説します（左ページの下図）。まず、一番上のノードに注目してください。「CV = yes」を中心に、左が「yes」、右が「no」に分岐しています。コンバージョンしていない場合、右下のオレンジのクラスター3に割り当てられています。

コンバージョンしている場合、次は接触広告（AD）がMailかそれ以外かで分岐します。ADがMailの場合には、一番左下にあるグリーンのクラスター1が割り当てられています。ADがMailではなく、Listingでもない場合は右から2番目のパープルのクラスター4、Listingの場合は右から3番目のブルーのクラスター2となっています。

ただし、クラスター2の内容を見ると「.15 .85 .00 .00」と表示されています。これは次のような意味です。

- クラスター1：15%(.15)
- クラスター2：85%(.85)
- クラスター3：0%(.00)
- クラスター4：0%(.00)

これは、このクラスターには、クラスター1とクラスター2の両方に含まれる人が混在しているという意味になります。

続いて、kmeansクラスター分析の結果（tree1）を見てみましょう。

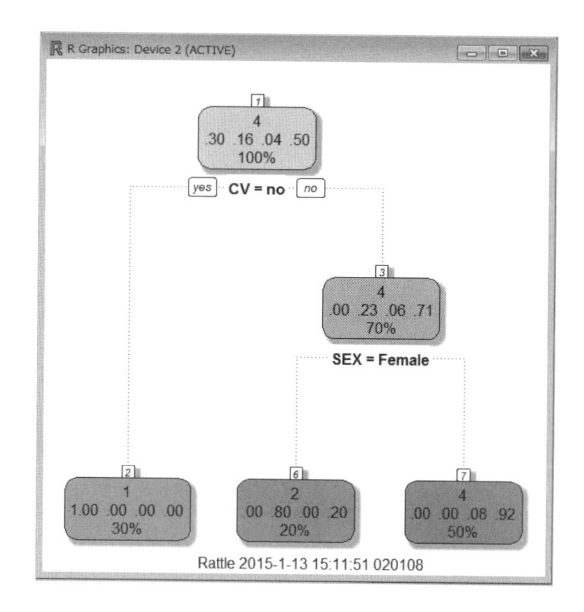

図を再掲します。kmeans（ykmeans）の結果は、クラスター3に含まれる件数が2人と極端に少なかったため、クラスター3に振り分けられた分はクラスター4の0.08（8%）に分類されています。

一番上のノードでは、「CV = no」を中心に、左が「yes」、右が「no」に分岐しています。コンバージョンしていない場合、右下に進み、性別が女性かどうか（SEX = Female）で分岐します。女性でない場合は、画面の右下にあるクラスター4へ、女性の場合はその隣にあるクラスター2が割り当てられます。

クラスター2は以下のようになっています。

- クラスター1：0%(.00)
- クラスター2：80%(.80)
- クラスター3：00%(.00)
- クラスター4：20%(.20)

クラスター4に含まれる人（男性）が20%混ざっており、ここでも、誤分類されてしまうケースが多くなっているようです。

今回は、クラスター分析の結果に対して決定木を用いることで、データの構造を明らかにしました。

まとめ

本章ではダミー変数、標準化という、分析を行う上でとても役立つデータの扱い方を取り上げました。基本的ではありますがとっても便利な方法です。

また、階層クラスター分析、kmeansクラスター分析を取り上げました。さらに2つのクラスター分析の結果を決定木を使って解釈するという、やや高度な内容を解説しました。ぜひ、これらの内容をご自身の手元のデータに当てはめて活用して頂ければ幸いです！

COLUMN タブ区切りのデータを読み込みたい&書き出したい！

Rにデータを取り込む際に、項目間をタブで区切ったテキストファイルだったらどうしたらよいのでしょうか？　対応方法は簡単で、以下のコマンドでOKです。ファイル名や拡張子はよく確認しましょう！

```
sample1<-read.delim("c:/data/CV_data.txt")
```

逆に、R上でいろいろと加工した結果をやっぱり別れられないExcelで操作したいってこともあると思います。ご参考までにwrite.table関数の使い方を紹介します。

```
write.table(sample1, "C:/data/output.txt",quote=F, sep = ",",row.names=F)
```

R上のsample1というデータをoutput.txtという名前で書き出しています。quote=Fするとデータに" "が付くのを避けることができます。row.names=Fを付けると行番号が付かなくなります。

COLUMN なぜ彼は「元のデータの100倍の数値」を入れていたのか？

本書のカバー（正しくはオビですね）にマンガが掲載されていますが、「この期間は元のデータの100倍の数値が入ってるんだった！」というセリフ。「わかるわかる」という方と、「？」という方がいらっしゃるかと思います。

「100倍のデータを間違って使うことなんてあるの？」というツッコミが入りそうですが……あります。投資運用の分析の世界では株式など資産の収益率（リターン）を分析対象にすることが多くあります。過去1か月で10%儲かった！とかいうやつですね。

分析にExcelを使っていると、同じ「10%」と入力する場合、以下の2つの方法が考えられます。

①「0.1」とセルに入力し、セルの書式設定でパーセント表示にする。
②「10」と直接セルに打ち込む。

あちこちから、いろんな人が入力したデータをかき集めてExcelで「手作業」していると、扱っているデータ数が10列くらいならなんてことはないですが、100とか200になってくると確認するのもちょっと大変です。そういう間違いのないように、あの青年は元のデータを100倍にして分析していたのです。

でも、第2章で紹介したような平均値や最大値、最小値といった統計量をパッと確認することができれば、あのマンガのようなケースは避けられたはず。常に想定したように処理が進んでいるかチェックする癖をつけましょう！

Rの利点は、データとプログラムがあれば誰がやっても同じ結果が得られること。また、データを変えても同じ分析を簡単にできる点にあります。繰り返しのグラフ作成や分析作業はミスなく簡単にできます。ですから、あの青年は、正しいデータを読み込ませて、同じ分析プログラムを走らせれば、正しい結果をすぐに得られるのです（ただし、結果の解釈とか考察はやり直し……ですけどね）。

どれだけ○○したら◎◎できるのか？

数値による定量化で「因果関係」を分析する

第７章では、「どれだけ○○したら◎◎できるのか？」というビジネスの永遠のテーマに対するアプローチ方法を学びます。データ分析の底力を感じてみてください。

 なぜ「因果関係」は重要なのか

第７章では、「どれだけ○○したら◎◎できるのか」というビジネスの永遠のテーマに対するアプローチ方法を学んでいきましょう！　とはいっても、心構えとかではなく、あくまで「数値」を使った「定量化」のお話です。

○○したら→◎◎できる！

これは、**因果関係**ってヤツです。「法を犯したら→逮捕される」とか、「食べ過ぎると→太る（涙）」とかね。で、これってものすごく大事な点なんです。この原因と結果を誤ってしまっては、せっかくキレイに作り込んだプレゼン資料も、残念ながらやり直しです。せめてプレゼンの１週間前には、大枠のレビューを上司・同僚に入れてもらう余裕がほしいものです。

さらに、データ分析の際のとっても大事な前処理、**「データハンドリング」**なんて言ったりもしますが、こちらについてもこれまでの総まとめ的に盛り込んでまいります。

まずは、データの準備とダミー変数

ではさっそく、いつもの純広告のインプレッション、リスティングのクリック、それぞれのコンバージョン、日付の合計５系列からなるデータを読み込みましょう。第３章で確認したように、曜日によってデータに特徴がありましたよね。「●曜日→コンバージョンが多い傾向がある」。この点も欲張って説明していきたいと思います。

```
sample<-read.table("c:/data/sample.txt",header=T)

days <- weekdays(as.Date(sample$DATE))

sample1<-transform(sample,days=days)
```

ここまでで、days に曜日が格納されます。第６章で取り上げたダミー変数を

作成する関数を使用するので、caretパッケージをインストールしてから、読み込みましょう。

```
library(caret)
```

ダミー変数をdays1に格納し、内容を確認します。

```
tmp <- dummyVars(~days, data=sample1)

days1 <- as.data.frame(predict(tmp, sample1))

head(days1)
```

```
> head(days1)
  days.火曜日 days.金曜日 days.月曜日 days.水曜日 days.土曜日 days.日曜日
1           0           0           1           0           0           0
2           1           0           0           0           0           0
3           0           0           0           1           0           0
4           0           0           0           0           0           0
5           0           1           0           0           0           0
6           0           0           0           0           1           0
  days.木曜日
1           0
2           0
3           0
4           1
5           0
6           0
```

第3章でも確認しましたが、曜日の並び順がおかしい。そんな並び、修正してやる！です。

```
days2 <- days1 [ c(3,1,4,7,2,5,6) ]

head(days2)
```

```
> days2 <- days1 [ c(3,1,4,7,2,5,6) ]
> head(days2)
  days.月曜日 days.火曜日 days.水曜日 days.木曜日 days.金曜日 days.土曜日 days.日曜日
1           1           0           0           0           0           0           0
2           0           1           0           0           0           0           0
3           0           0           1           0           0           0           0
4           0           0           0           1           0           0           0
5           0           0           0           0           1           0           0
6           0           0           0           0           0           1           0
```

days1[c(3,1,4,7,2,5,6)]は、days1の3列目（月曜）をdays2の1列目に、同様に1列目（火曜）を2列目に、4列目（水曜）を3列目にするという意味です。これで、月曜→日曜の順にキレイな並びになりました！

「ラグ」って何やねん？

「昨日の○○と一昨日の○○と一昨々日の○○」が「今日の◎◎」に影響を及ぼしている。なんてことはよくある話で、「昨日の深夜ラーメンと一昨日の深夜焼肉と一昨々日の寝る前のカップラーメン」が「今日の体重」の増加を招いている、というわけです（涙）。こんな話題は広告の世界でもありますよね。今日の出稿量に加えて、過去の出稿量も今日の売上に影響を及ぼしている、という話です。

そこで、ラグの登場です！　**ラグ（lag）**というのは、「遅れ」や「時間差」を意味します。「タイムラグがある」とか言いますよね。1つ前をラグ1（lag1）、2つ前をラグ2（lag2）……と表現します。データが日次であればラグ1は前日、ラグ2は前々日…、月次であればラグ1は前月、ラグ2は前々月となります。

で、我らがR先生はこのラグを使った変数も、チャチャッと作ってくれます。ただ、そのためには、読み込むデータが「時系列データ」であることを、R先生にわかってもらう必要があります。第3章で説明しましたが、時系列データというのは、「データの行方向の並び順に前後関係の意味がある」データです。順序変えちゃ、ダメ、ゼッタイ。では、**1日前の純広告のインプレッション数、1日前のリスティングのクリック数**とコンバージョンの関係を分析できるよう、ラグを使ってこの2つの過去データを追加する前処理を行いましょう。

データハンドリング（前処理）へ！

ではまず、日付が入っているDATE以外の数値データを取り込みます。ts関数を使うとRに時系列データだと認識させてラグを使えるようになります。

```
ts0<-ts(sample[,2:5])
```

ts0に含まれるデータを表示させてみましょう。

```
head(ts0)
```

```
> ts0<-ts(sample[,2:5])
> head(ts0)
     純広告 リスティング CV_純広告 CV_リスティング
[1,] 122067          373        11              15
[2,] 114137          364        17              13
[3,] 128640          357        16              13
[4,] 113522          352        15              15
[5,] 100794          308         8               7
[6,]  88473          303         7              15
```

パッと見、何も変わってないですね。では、ラグを使った変数を２つ作成してみましょう！

```
ts1<-cbind(ts0,lag純広告=lag(ts0[,1],k=-1), lagリスティング=lag(ts0[,2],k=-1))
```

今回のコマンドは長いですが、内容はシンプルです。少し丁寧に確認します。

```
cbind(A,B,C)
```

AとBとCを横、つまり列方向でくっつける、でしたね。続いて中身に移ります。

```
lag純広告=lag(ts0[,1],k=-1)
```

lag純広告は１日前の広告のインプレッション数が入る変数の名前です。問題は＝の右の部分です。

```
lag(A,k=○)
```

は、「Aを○だけ移動させる」という意味になっています。ここでは、ts0の１列目を未来に１つ移動させる、ということです。マイナスを付けると未来（下方向）に、プラスを付けると過去（上方向）に動かせます。できあがりを確認してみましょう！

```
head(ts1)
```

```
> ts1<-cbind(ts0,lag純広告=lag(ts0[,1],k=-1), lagリスティング=lag(ts0[,2],k=-1))
> head(ts1)
     ts0.純広告 ts0.リスティング ts0.CV_純広告 ts0.CV_リスティング lag純広告 lagリスティング
[1,]     122067              373            11                  15        NA             NA
[2,]     114137              364            17                  13    122067            373
[3,]     128640              357            16                  13    114137            364
[4,]     113522              352            15                  15    128640            357
[5,]     100794              308             8                   7    113522            352
[6,]      88473              303             7                  15    100794            308
```

ある日の純広告のインプレッション数とリスティングのクリック数が、1行下、つまり1日未来のデータと結合し、それぞれlag純広告とlagリスティングとして表示されています。1行の中に、その日のデータと前日のデータが並んでいる状態です。

では、ts1と先ほど作成した曜日ダミー変数days2をくっつけましょう！

```
ts2<-cbind(ts1,days2)
```

```
> ts2<-cbind(ts1,days2)
 警告メッセージ:
In cbind(ts1, days2) :
  number of rows of result is not a multiple of vector length (arg 2)
```

何ということでしょう。警告メッセージが！　これは、days2は54行なのに対して、ラグを使って1日前のデータを追加したts1は、1行多い55行になっている。つまり行数が一致していないことが原因です。ということは、

（1） ts1の最終行を削除する
（2） days2に1行追加する

のいずれかでOKです。

では、（1）から説明しましょう。ts1の最終行を削除する場合は、削除する行の番号をマイナスを付けて指定します。

```
ts1_del<-ts1[-55,0]
```

続いて（2）のdays2に1行追加するやり方です。本章では、この方法で進めていきます。

```
days3<-ts(rbind(days2,c(0,0,0,0,0,1,0)))
```

cbindは、これまでも何度か登場しましたね。列方向、つまりは横方向にくっつけていく場合に使用します。rbindは行方向、つまり縦方向にくっつけていきます。cbindはColumn（列）の頭文字、rbindはRow（行）の頭文字が先頭に付いています。

まず、1行追加する前のdays2のデータを

```
days2
```

と入力して最終行を見てみましょう。

```
> days3<-ts(rbind(days2,c(0,0,0,0,0,1,0)))
> days2
   days.月曜日 days.火曜日 days.水曜日 days.木曜日 days.金曜日 days.土曜日 days.日曜日
1            1           0           0           0           0           0           0
2            0           1           0           0           0           0           0
3            0           0           1           0           0           0           0
4            0           0           0           1           0           0           0
5            0           0           0           0           1           0           0
6            0           0           0           0           0           1           0
7            0           0           0           0           0           0           1
8            1           0           0           0           0           0           0
9            0           1           0           0           0           0           0
10           0           0           1           0           0           0           0
～～～～～～～～～～～～～～～～～～～～～～～～～～～～～～～～～～～～～～～～～～～～～～～～
50           1           0           0           0           0           0           0
51           0           1           0           0           0           0           0
52           0           0           1           0           0           0           0
53           0           0           0           1           0           0           0
54           0           0           0           0           1           0           0
```

こんな格好になっていますね。一番左から、月、火、水、木……と並んでいます。該当する曜日が「1」となっていますから、54行目の「1」は金曜日であることがわかります。では55行目は？　金曜日の次ですから土曜日ですね。ということは、55行目では土に「1」を、その他は「0」を入れてあげればOKです。コマンドを再掲します。

```
days3<-ts(rbind(days2,c(0,0,0,0,0,1,0)))
```

上のc(0,0,0,0,0,1,0)は、月=0、火=0、水=0、…、土=1、日=0を意味しています。きちんとできたかdays3を確認しましょう。

```
days3
```

```
50           1           0           0           0           0           0           0
51           0           1           0           0           0           0           0
52           0           0           1           0           0           0           0
53           0           0           0           1           0           0           0
54           0           0           0           0           1           0           0
55           0           0           0           0           0           1           0
```

55行目にデータが追加されて、土に「1」が格納されていますね！

days3にダミー変数を渡す時に、ts関数を使っています。これは、ts1は時系列データですのでdays3についても時系列データに変換する必要があるからです！　ココ大事。

それではさきほどエラーとなってしまったコマンドを再び！

```
ts2<-cbind(ts1,days3)

head(ts2)
```

```
> ts2<-cbind(ts1,days3)
> head(ts2)
     ts1.ts0.純広告 ts1.ts0.リスティング ts1.ts0.CV_純広告 ts1.ts0.CV_リスティング ts1.lag純広告 ts1.lagリスティング
[1,]         122067                  373                11                      15            NA                  NA
[2,]         114137                  364                17                      13        122067                 373
[3,]         128640                  357                16                      13        114137                 364
[4,]         113522                  352                15                      15        128640                 357
[5,]         100794                  308                 8                       7        113522                 352
[6,]          88473                  303                 7                      15        100794                 308
     days3.days.月曜日 days3.days.火曜日 days3.days.水曜日 days3.days.木曜日 days3.days.金曜日 days3.days.土曜日
[1,]                 1                 0                 0                 0                 0                 0
[2,]                 0                 1                 0                 0                 0                 0
[3,]                 0                 0                 1                 0                 0                 0
[4,]                 0                 0                 0                 1                 0                 0
[5,]                 0                 0                 0                 0                 1                 0
[6,]                 0                 0                 0                 0                 0                 1
     days3.days.日曜日
[1,]                 0
[2,]                 0
[3,]                 0
[4,]                 0
[5,]                 0
[6,]                 0
```

続いて、並び順と変数名をキレイにしてしまいましょう。以下の２つのコマンドを使えば一瞬です！

```
ts3 <- ts2 [,c(3,4,1,2,5,6,7,8,9,10,11,12,13) ]

colnames(ts3)<-c("CV_純広告","CV_リスティング","純広告","リスティング",➡
"Lag純広告","Lagリスティング","月","火","水","木","金","土","日")
```

１つ目のコマンドで変数の順序を変更して、２つ目で変数名を変更しています。想定通りにできているか確認しましょう。

```
head(ts3)
```

```
> ts3 <- ts2 [,c(3,4,1,2,5,6,7,8,9,10,11,12,13) ]
> colnames(ts3)<-c("CV_純広告","CV_リスティング","純広告","リスティング","Lag純広告","Lagリスティング","月","火","水","$
> head(ts3)
     CV_純広告 CV_リスティング 純広告 リスティング Lag純広告 Lagリスティング 月 火 水 木 金 土 日
[1,]        11              15 122067          373        NA              NA  1  0  0  0  0  0  0
[2,]        17              13 114137          364    122067             373  0  1  0  0  0  0  0
[3,]        16              13 128640          357    114137             364  0  0  1  0  0  0  0
[4,]        15              15 113522          352    128640             357  0  0  0  1  0  0  0
[5,]         8               7 100794          308    113522             352  0  0  0  0  1  0  0
[6,]         7              15  88473          303    100794             308  0  0  0  0  0  1  0
```

いよいよモデル構築と検証、でもその前に！

ここまででかなりの体力（脳力）を消耗してしまいました。そうなんです！データ分析においては、**データハンドリング（前処理）**が大事で時間かかるところなんです。「かかる時間の大半はこの前処理だ」なんてこともよく言われています。今回の処理は表計算ソフトでももちろんできなくはないです。Rですと、一度正しいコマンドを作ってしまえば使い回すことも簡単にできるので、セル参照がズレていることが最後の最後に発覚し、絶望の淵に立たされる深夜23時！のようなリスクを減少させることができます。

で、ここからいよいよ仮説検証を行うべく、予測モデルを構築し検証を行ってまいります！　意気込んでいますが、結果そのものは一瞬で得られます。R先生万歳。ただ、仮説に基づいて出力された結果を因果関係や統計的な観点から吟味し、使用する変数を増やしたり減らしたりして、より望ましいモデルを構築する。この点はトライ＆エラーが必要になるのである程度時間は必要です。が、最もドキドキ☆モーニング˝からのウキウキ☆ミッドナイトなフェーズではないかと考えます。

まずは相関分析から

と、その前に……。Rでは**欠損値（NA：Not Avairable）**が存在すると、相関分析が実行できないので該当する行を削除しておきましょう。

```
ts3
```

と入力してts3の内容を確認すると、1行目と55行目に「NA」と表示されている項目があるのがわかります。左ページの一番下にある図でもNAが確認できますね。以下のコマンドで、ts3の55行目を削除してデータにts4と名前を付けた後、ts4の1行目を削除してts5というデータ名にしましょう。

```
ts4<-ts3[-55,]

ts5<-ts4[-1,]
```

欠損値を判定する is.na() と除去する na.omit()

ここでは、１つ１つデータを確認して欠損値の存在する行を指定して削除しましたが、R には欠損値が存在する行を削除する na.omit() 関数があります。先ほどの処理は以下のコマンドで実行できます。

```
ts5<-na.omit(ts3)
```

また、欠損値かどうか判定する関数 is.na() もあります。興味のある方は、help(is.na) や help(na.omit) で詳細を確認できます。

これで準備が整いました。相関係数を計算してくれる cor 関数を使いましょう。

```
cor(ts5)
```

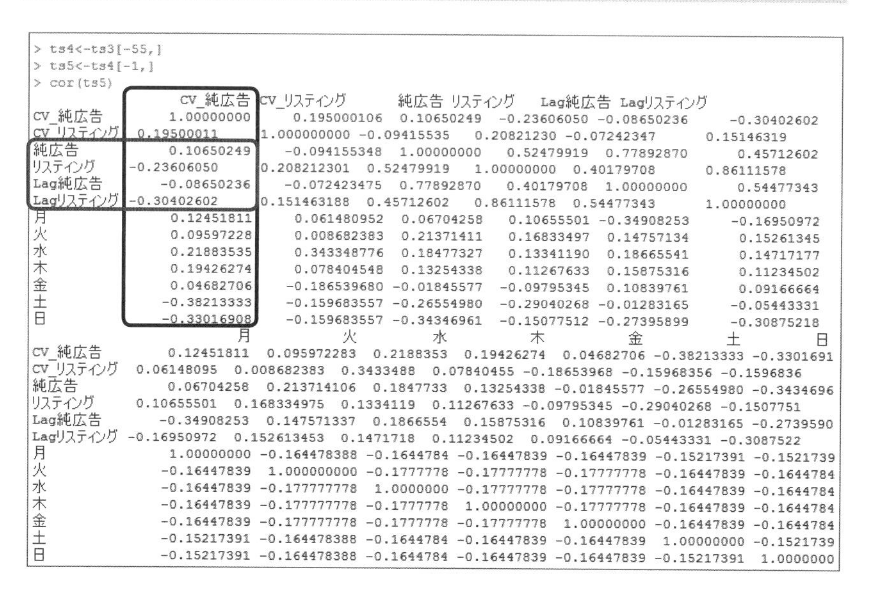

```
> ts4<-ts3[-55,]
> ts5<-ts4[-1,]
> cor(ts5)
              CV_純広告 CV_リスティング      純広告 リスティング   Lag純広告 Lagリスティング
CV_純広告      1.00000000     0.195000106  0.10650249 -0.23606050 -0.08650236     -0.30402602
CV_リスティング  0.19500011     1.000000000 -0.09415535  0.20821230 -0.07242347      0.15146319
純広告         0.10650249    -0.094155348  1.00000000  0.52479919  0.77892870      0.45712602
リスティング    -0.23606050     0.208212301  0.52479919  1.00000000  0.40179708      0.86111578
Lag純広告     -0.08650236    -0.072423475  0.77892870  0.40179708  1.00000000      0.54477343
Lagリスティング -0.30402602     0.151463188  0.45712602  0.86111578  0.54477343      1.00000000
月             0.12451811     0.061480952  0.06704258  0.10655501 -0.34908253     -0.16950972
火             0.09597228     0.008682383  0.21371411  0.16833497  0.14757134      0.15261345
水             0.21883535     0.343348776  0.18477327  0.13341190  0.18665541      0.14717177
木             0.19426274     0.078404548  0.13254338  0.11267633  0.15875316      0.11234502
金             0.04682706    -0.186539680 -0.01845577 -0.09795345  0.10839761      0.09166664
土            -0.38213333    -0.159683557 -0.26554980 -0.29040268 -0.01283165     -0.05443331
日            -0.33016908    -0.159683557 -0.34346961 -0.15077512 -0.27395899     -0.30875218
                       月           火         水          木          金          土         日
CV_純広告       0.12451811  0.095972283  0.2188353  0.19426274  0.04682706 -0.38213333 -0.3301691
CV_リスティング  0.06148095  0.008682383  0.3433488  0.07840455 -0.18653968 -0.15968356 -0.1596836
純広告          0.06704258  0.213714106  0.1847733  0.13254338 -0.01845577 -0.26554980 -0.3434696
リスティング     0.10655501  0.168334975  0.1334119  0.11267633 -0.09795345 -0.29040268 -0.1507751
Lag純広告      -0.34908253  0.147571337  0.1866554  0.15875316  0.10839761 -0.01283165 -0.2739590
Lagリスティング -0.16950972  0.152613453  0.1471718  0.11234502  0.09166664 -0.05443331 -0.3087522
月              1.00000000 -0.164478388 -0.1644784 -0.16447839 -0.16447839 -0.15217391 -0.1521739
火             -0.16447839  1.000000000 -0.1777778 -0.17777778 -0.17777778 -0.16447839 -0.1644784
水             -0.16447839 -0.177777778  1.0000000 -0.17777778 -0.17777778 -0.16447839 -0.1644784
木             -0.16447839 -0.177777778 -0.1777778  1.00000000 -0.17777778 -0.16447839 -0.1644784
金             -0.16447839 -0.177777778 -0.1777778 -0.17777778  1.00000000 -0.16447839 -0.1644784
土             -0.15217391 -0.164478388 -0.1644784 -0.16447839 -0.16447839  1.00000000 -0.1521739
日             -0.15217391 -0.164478388 -0.1644784 -0.16447839 -0.16447839 -0.15217391  1.0000000
```

純広告のコンバージョン（CV_ **純広告**）について、各施策との相関係数を確認していきます。

- CV_ **純広告→純広告**（純広告のインプレッション数） 0.1065
- CV_ **純広告→リスティング**（リスティングのクリック数） -0.2360
- CV_ **純広告→** Lag **純広告**（１日前の純広告のインプレッション数） -0.0865
- CV_ **純広告→** Lag **リスティング**（１日前のリスティングのクリック数） -0.3040

この例では同じ日の**純広告**と**CV_純広告**は正の相関関係が確認できました。出稿量とコンバージョン数が比例していたと言えます。一方で、**リスティング**とラグを取った2つの変数（**Lag純広告**、**Lagリスティング**）とは負の相関関係となりました。

つまり、純広告のコンバージョン数は、同日のリスティングの出稿量、前日の純広告とリスティングの出稿量を減らすとコンバージョン数が増加するという考えにくい状況が示唆されています。ただし、**相関関係は因果関係を表すわけではないので注意が必要です。**

その下の曜日について確認すると、最も大きな正の相関が見られたのは**水**の0.2188、最も低い負の相関となったのは**土**の-0.3821でした。

念のため第4章を踏まえて、散布図で視覚化してみましょう。**CV_純広告**と**純広告**、**リスティング**、**水**、**土**を取り上げてみます。ggplot2とgridExtraをインストールして使えるようにしておきます。

```
library(ggplot2)

library(gridExtra)
```

時系列データのままではエラーになってしまうので、ts5をデータフレームという形式に変換します。

```
df1<-data.frame(ts5)
```

では、以下のコマンドで、見栄えの良い散布図を作成してみましょう。

```
p1<-ggplot(df1,aes(x=純広告,y=CV_純広告))+geom_point()

p2<-ggplot(df1,aes(x=リスティング,y=CV_純広告))+geom_point()

p3<-ggplot(df1,aes(x=水,y=CV_純広告))+geom_point()

p4<-ggplot(df1,aes(x=土,y=CV_純広告))+geom_point()

grid.arrange(p1,p2,p3,p4,nrow = 2, ncol=2,main=textGrob("CV_純広告"))
```

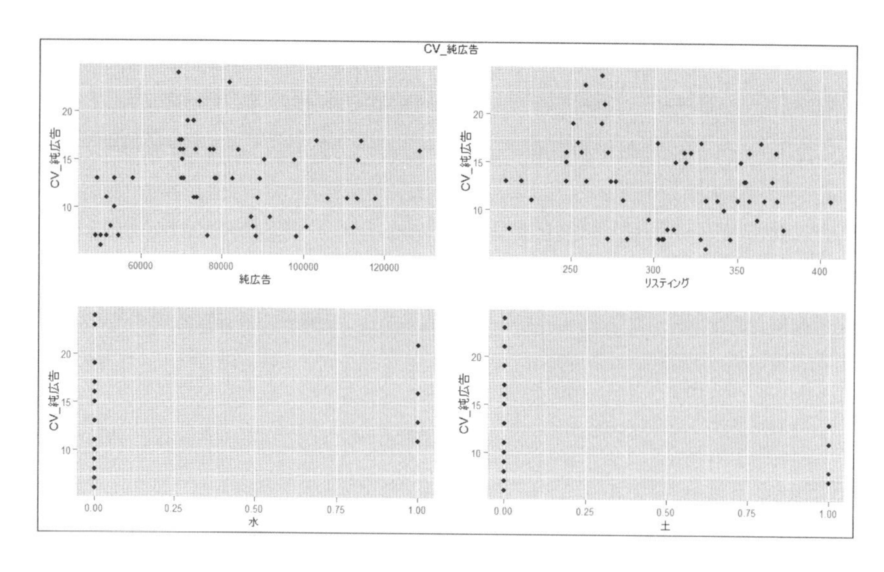

確かに純広告はそれとなく右肩上がりのように見えなくもないですが、80,000インプレッション以降は獲得効率が落ちて平らになっているように見えます。リスティングは右肩下がりで、300クリック以降は純広告のコンバージョンが伸びていません。水、土を表す0と1のダミー変数と、CV_純広告の散布図はこのように両極に分かれて表現されます。土曜日は件数が落ちていることが示唆されていますね。

いよいよ回帰分析ってやつを！！

ここでは、「○○したら→◎◎できる！」を分析する際に、非常にポピュラーな**回帰分析**を用います。回帰分析とは、原因と結果の因果関係を分析する際に使われる手法です。例えば、Web広告の出稿量を100,000インプレッションから150,000インプレッションに増やすと、コンバージョンは100件から200件になる、などの予測値を得ることができます。原因の○○は**「説明変数」**、結果の◎◎は**「被説明変数（目的変数）」**と呼ばれます。また、説明変数が1つの場合を**単回帰分析**、複数ある場合は**重回帰分析**と言います。

回帰分析にはlm関数を使います。lmは「linear models（線形モデル）」という意味です。

```
lm(◎◎~○○,A)
```

◎◎は結果となる被説明変数、ここではコンバージョンに関係するもの。○○は原因となる説明変数、ここでは広告の出稿量や曜日です。Aはそれぞれの変数が格納されているデータセットの名前です。ts関数を使用した時系列データを入れるとエラーになってしまうので注意です。

ちなみに、説明変数が複数存在する場合は、

```
lm(◎◎~○○+△△,A)
```

と+を使って並べることができます。これは**「重回帰分析」**と呼ばれます。被説明変数以外のすべての変数を説明変数としたい時は、説明変数の個所に「.」ピリオドを入力します。

```
lm(◎◎~.,A)
```

純広告のインプレッションとコンバージョンを分析

まず、当日の純広告のインプレッションで、当日の純広告のコンバージョンを説明するモデルを検証してみましょう。

```
Reg1<-lm(CV_純広告~純広告,df1)

summary(Reg1)
```

```
> Reg1<-lm(CV_純広告~純広告,df1)
> summary(Reg1)

Call:
lm(formula = CV_純広告 ~ 純広告, data = df1)

Residuals:
    Min      1Q  Median      3Q     Max
-6.1907 -3.9463  0.2499  3.2665 11.4629

Coefficients:
             Estimate Std. Error t value Pr(>|t|)
(Intercept) 1.099e+01  2.405e+00   4.571 3.11e-05 ***
純広告      2.239e-05  2.927e-05   0.765    0.448
---
Signif. codes:  0 '***' 0.001 '**' 0.01 '*' 0.05 '.' 0.1 ' ' 1

Residual standard error: 4.348 on 51 degrees of freedom
Multiple R-squared:  0.01134,	Adjusted R-squared:  -0.008043
F-statistic: 0.5851 on 1 and 51 DF,  p-value: 0.4478
```

回帰分析では、以下の式のβ（**回帰係数**：純広告）とα（**切片**：Intercept）を推定しています（計算方法は省略します）。

$$y = \beta x + \alpha$$

って言われても何がなんだか？ですよね。xは原因の「純広告のインプレッション」、yは結果の「純広告のコンバージョン」です。大事なのは**線形関係**があるってところです。xが増えるにしたがってyも増える。反対にxが減少するとyも減少する。**比例関係**とも言えます。

分析の結果は、先ほどの出力結果のCoefficients:（係数）にまとめられています。Estimateは予測値（または推定値）という意味です。(Intercept)は切片、**純広告**のところには回帰係数のそれぞれの予測値が表示されています。

```
Coefficients:
             Estimate Std. Error t value Pr(>|t|)
(Intercept) 1.099e+01  2.405e+00   4.571 3.11e-05 ***
純広告      2.239e-05  2.927e-05   0.765    0.448
---
Signif. codes:  0 '***' 0.001 '**' 0.01 '*' 0.05 '.' 0.1 ' ' 1
```

ここで得られた結果は、以下のような式で表すことができます。

CV_純広告 = (2.239e-5) × 純広告 + (1.099e+1)

「1.099e」という見慣れない表記がありますが、eは**指数（exponent）**と言います。意味は以下の通りです。Excelでも桁数が多いと同様の表記になりますね。

- 10→1.0e+1(1.0 × 10の1乗)→ 10倍
- 100→1.0e+2(1.0 × 10の2乗)→ 100倍
- 1000→1.0e+3(1.0 × 10の3乗)→ 1000倍
- 0.1→1.0e-1(1.0 × 1/10の1乗)→1/10倍→÷10
- 0.01→1.0e-2(1.0 × 1/10の2乗)→1/100倍→÷100
- 0.001→1.0e-3(1.0 × 1/10の3乗)→1/1000倍→÷1000

つまり、先ほどの式を書き直すとこのようになります。

CV_純広告 = (0.00002239) × 純広告 + (10.99)

分析結果の信頼性

さて、結果を解釈していきましょう！　先ほどの結果は次のような式で表すことができました。

$$\underbrace{\text{CV\_純広告}}_{y} = \underbrace{(0.00002239)}_{\beta} \times \underbrace{\text{純広告}}_{x} + \underbrace{(10.99)}_{\alpha}$$

まず、純広告のインプレッション（x）が1増加すると、コンバージョン（y）が0.00002239だけ増加するということが示唆されています。また、もし純広告のインプレッションが0だったとしても10.99のコンバージョンが見込まれることになっています。

では、回帰係数0.00002239と切片10.99は信用に足るものなのでしょうか？これは、先ほどの出力結果のPr(>|t|)の項目で確認できます。

```
Coefficients:
             Estimate Std. Error t value Pr(>|t|)
(Intercept) 1.099e+01  2.405e+00   4.571 3.11e-05 ***
純広告      2.239e-05  2.927e-05   0.765    0.448
---
Signif. codes:  0 '***' 0.001 '**' 0.01 '*' 0.05 '.' 0.1 ' ' 1
```

これは回帰係数（β）と切片（α）が実は0である確率を表しています。良好な結果だったとしても、実は0の可能性が高ければその値は使うべきではないでしょう。この場合、切片（α）が実は0である確率は3.11e-5（0.0000311）、つまり0.00311%しかありません。なので信用してもよいでしょう。一方、回帰係数（β）が0である確率は0.448、つまり44.8%もあります……。残念。

モデルを評価する

続いて、このモデルの当てはまりの良さを見てみます。これはMultiple R-squared（**決定係数**、または**重相関係数**）とAdjusted R-squared（**自由度調整済み決定係数**）に表示されています。

```
Residual standard error: 4.348 on 51 degrees of freedom
Multiple R-squared:  0.01134,	Adjusted R-squared:  -0.008043
F-statistic: 0.5851 on 1 and 51 DF,  p-value: 0.4478
```

両指標とも「1」に近ければ近いほど、現実の数値とこのモデルから得られた結果の当てはまりが良いということになります。

自由度調整済み決定係数は何のためにあるのでしょう？　実は、説明変数を増やすと決定係数は「1」に近づいていきます。そこで説明変数を増やすことに対してペナルティを考慮するための指標となっているのです。

ここでは決定係数は0.01134、自由度調整済み決定係数 -0.008043 となっておりほとんど説明できていません。残念。まぁ、回帰係数が0かもしれないので致し方ない。

 続いて重回帰分析です！

気を取り直して、ここで考えられるすべての変数を投入してみましょう！**重回帰分析**です。

```
Reg2<-lm(CV_純広告~リスティング+Lagリスティング+純広告+Lag純広告+月+火+水+木+➡
金+土+日,df1)

summary(Reg2)
```

```
> Reg2<-lm(CV_純広告~リスティング+Lagリスティング+純広告+Lag純広告+月+火+水+木+金+土+日,df1)
> summary(Reg2)

Call:
lm(formula = CV_純広告 ~ リスティング + Lagリスティング + 純広告 +
    Lag純広告 + 月 + 火 + 水 + 木 + 金 + 土 + 日, data = df1)

Residuals:
    Min      1Q  Median      3Q     Max
-5.6154 -2.0617  0.1521  1.6355  7.0926

Coefficients: (1 not defined because of singularities)
                Estimate Std. Error t value Pr(>|t|)
(Intercept)      2.263e+01  3.084e+00   7.339 4.78e-09 ***
リスティング    -1.702e-02  2.897e-02  -0.588 0.560006
Lagリスティング -3.149e-02  2.893e-02  -1.088 0.282645
純広告           2.784e-05  5.028e-05   0.554 0.582729
Lag純広告       -2.753e-05  4.891e-05  -0.563 0.576491
月               5.376e+00  2.081e+00   2.584 0.013341 *
火               6.837e+00  1.910e+00   3.579 0.000887 ***
水               8.092e+00  1.906e+00   4.246 0.000118 ***
木               7.707e+00  1.861e+00   4.142 0.000162 ***
金               5.856e+00  2.067e+00   2.833 0.007051 **
土               4.050e-01  2.165e+00   0.187 0.852486
日                      NA         NA      NA       NA
---
Signif. codes:  0 '***' 0.001 '**' 0.01 '*' 0.05 '.' 0.1 ' ' 1

Residual standard error: 3.159 on 42 degrees of freedom
Multiple R-squared:  0.5701,    Adjusted R-squared:  0.4678
F-statistic:  5.57 on 10 and 42 DF,  p-value: 3.071e-05
```

まず、日（曜日）がNAとなっています。なぜでしょう。これはダミー変数の基本ルールの結果です。必要なダミー変数の数は水準マイナス1でOKなのです（後述のコラム参照）。つまり、曜日については7-1=6になります。6つの曜日のダミー変数がすべて0であれば日曜日を表わせるからです。Rは親切にも、このような問題を自動的にクリアしてくれるので、日（曜日）はNAとなっています。

リスティング、**Lagリスティング**、**純広告**、**Lag純広告**、いずれも係数は5%有意水準で0の可能性を棄却できていません。しかも、**純広告**を除いて係数はマイナスとなっており、解釈がなかなか難しい結果です。残念。

COLUMN

必要なダミー変数の数について

第６章でも説明しましたが、ダミー変数で元の質的変数を置き換える際、必要なダミー変数の数は、その質的変数の水準（level）マイナス１あれば表現することができます。以下のように、質的変数の横にはFactorと表示されています。

```
> str(sample1)
'data.frame':   50 obs. of  5 variables:
 $ id : int  10 11 12 13 14 15 16 17 18 19 ...
 $ CV : Factor w/ 2 levels "no","yes": 2 2 2 2 2 2 2 2 1 1 ...
 $ AGE: int  38 30 25 38 41 26 26 26 30 21 ...
 $ SEX: Factor w/ 2 levels "Female","Male": 2 2 2 2 2 2 2 2 1 1 ...
 $ AD : Factor w/ 3 levels "DSP","Listing",..: 3 3 3 3 3 2 2 2 3 3 ...
```

SEX（性別）の行を見ると、Factorの横に「w/ 2 levels」とあり、これは質的変数SEXには２の水準（level）があることを表しています。しかし、このことを表現するのに「男性用のダミー変数」と「女性用のダミー変数」の２つを用意する必要はありません。ある人が男性で男性ダミー変数が「1」となっているとき、女性ダミー変数は「0」。男性ダミー変数が「0」なら、女性ダミー変数は「1」です。つまり、どちらか一方があれば表現できます。

同様に曜日のダミー変数を作る場合、必要となるのは例えば月曜日～土曜日までの６つのダミー変数だけでOKです。これらがすべて「0」となる場合、それは「日曜日」ということになるのです。これが、ダミー変数の数は水準マイナス１である理由です。

今度は曜日変数に着目

では、曜日変数に着目して再チャレンジ！

```
Reg3<-lm(CV_純広告~月+火+水+木+金,df1)

summary(Reg3)
```

```
> Reg3<-lm(CV_純広告~月+火+水+木+金,df1)
> summary(Reg3)

Call:
lm(formula = CV_純広告 ~ 月 + 火 + 水 + 木 + 金, data = df1)

Residuals:
   Min     1Q Median     3Q    Max
-7.143 -2.000 -0.250  2.143 10.250

Coefficients:
            Estimate Std. Error t value Pr(>|t|)
(Intercept)    8.857      1.007   8.797 1.69e-11 ***
月             5.286      1.744   3.031 0.003957 **
火             4.893      1.670   2.930 0.005212 **
水             6.143      1.670   3.679 0.000601 ***
木             5.893      1.670   3.529 0.000944 ***
金             4.393      1.670   2.631 0.011479 *
---
Signif. codes:  0 '***' 0.001 '**' 0.01 '*' 0.05 '.' 0.1 ' ' 1

Residual standard error: 3.767 on 47 degrees of freedom
Multiple R-squared:  0.316,     Adjusted R-squared:  0.2433
F-statistic: 4.343 on 5 and 47 DF,  p-value: 0.002488
```

得られたモデルはこのような形をしています。

CV_純広告＝5.286×月＋4.893×火＋6.143×水＋5.893×木＋4.393×金＋8.857

どの曜日であっても8.857件のコンバージョンは見込まれており、平日であれば対応した曜日の値が足し込まれます。月曜日なら以下のようになります。

$$5.286 \times 1 + 4.893 \times 0 + 6.143 \times 0 + 5.893 \times 0 + 4.393 \times 0 + 8.857 = 14.143$$

自由度調整済み決定係数（Adjusted R-squared）は0.2433と、最初のモデル（-0.008043）からはかなり改善されていますね。

予測値と実際の値の相関を分析

では、モデルの当てはまりを、予測値と実際の値の相関で確認してみましょう！

```
Pred3<-data.frame(predict(Reg3,df1))

result3<-data.frame(cbind(CV_純広告=df1[,1],Pred3))
```

```
colnames(result3)<-c("CV_純広告","予測値")

ggplot(result3,aes(予測値,CV_純広告))+geom_point()
```

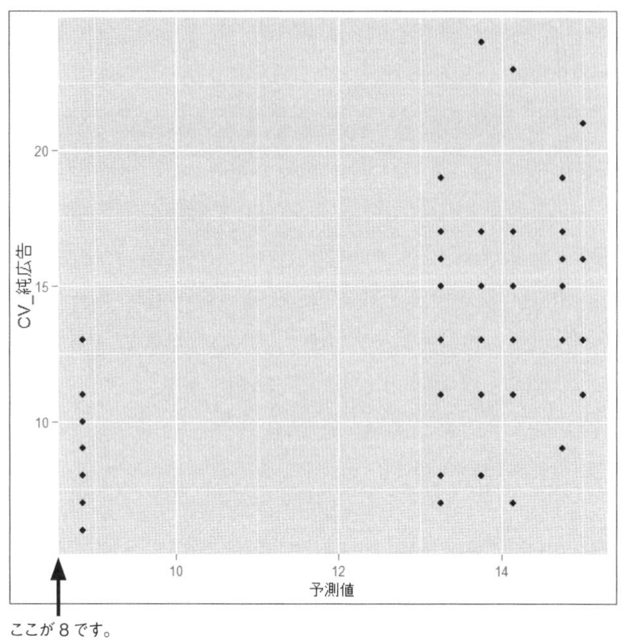

予測値のパターンは、平日５パターンと週末１パターン（土日の区別をしていない）の合計６パターンです。この散布図では横軸が予測値、縦軸が実際のCV_純広告の値を表しています。

予測値が低いグループが同じ値で左に固まっています。わかりづらいですが、この予測値は8.857となっています（実は、横軸の０にあたる部分が８。１つの目盛が１を表しているので、予測値の最大値は15です）。先ほどの式の切片部分のみ。つまり週末の土日なので何も加算されていないのです。

まとめ

今回は欲張ってダミー変数まで含めた重回帰分析を実行しました。ちょっとしつこかったかもしれません。回帰分析は、データの構造を線形で表現したものに過ぎません。が、係数の解釈可能性もあってとてもとても強力な武器となります。

ただし、自由度調整済み決定係数が高いから一番いいモデルだ！と言えるほど、単純なものでもありません。係数の有意性をはじめチェックすべき点が多く、お作法に慣れるのにちょっととまどうかもしれません。

少し高度なところでは、多重共線性や残差の系列相関など注意すべき点があります。本書では割愛しますが、興味のある方はぜひ、参考文献を手に取ってみてください。

多重共線性はcarパッケージのvif関数を使うことでチェックできます。回帰分析の結果をresultに格納しているとした場合、コマンドはvif(result)となります。一般的にvifの結果が10を超えると変数間の相関が非常に高い多重共線性を疑うことになり、相関が高い説明変数を回帰分析から除くことを検討する必要が出てきます。

COLUMN

「解釈できないとアカンやろ派」vs「当たればいいじゃん派」

本書で扱っている分析手法はごくごく一部です。多種多様な手法が存在していてそれぞれに特徴があります。被説明変数と説明変数があるような因果関係について分析したいとしましょう（機械学習の分野では被説明変数がある場合を「教師あり」、ない場合を「教師なし」と言ったりします。本書の例は教師ありとなります）。

大雑把に分けると分析してモデルから予測値が得られたとして、予測値がなぜそうなっているのかを**解釈できる手法**と、**解釈することが困難な手法**があります。前者の代表例は回帰分析や決定木。後者ですとニューラルネットワークやサポートベクターマシンなどが挙げられるでしょう。

伝統的な資産運用の世界においては「よくわからないけどメッチャ当たるモデルなんですよ。200億円投資しませんか？」と言っても説得力がありません。仮に運良く投資してもらえたとしましょう。当初は解釈不可能モデルが大活躍して大儲けできたとしても、リーマンショックのような異常事態に対応できなかった場合に、なぜうまくいかなかったのかを説明することが難しいでしょう。それじゃダメだよねというのが**「解釈できないとアカンやろ派」**です。

一方で、**「当たればいいじゃん派」**も台頭してきています。インターネット上の広告配信を行う際に、閲覧しているユーザー像を行動ログなどから推定して、適切な広告配信につなげる。このような場合は、大量データを高速で処理し、モデルから得られた結果を瞬時に使っていくことが想定されます。いちいち検証している時間はありません。広告配信が適切だったかどうか実運用をしつつ検証していくことになるでしょう。

この二大派閥の思考方法を知りたいという方に参考書を紹介しておきます。「解釈できないとアカンやろ派」の代表作としてぜひ読んで頂きたいのが、西内啓氏の『統計学が最強の学問である』。「当たればいいじゃん派」としてはビクター・マイヤー＝ショーンベルガー他 著の『ビッグデータの正体』を挙げます。後者の第４章「因果から相関の世界へ」は必読です。

データ分析の最前線でコンサルティング経験を積んでいらっしゃるベテランの方にお聞きしたところ、海外と比較すると、日本国内では解釈可能性に重点が置かれる傾向が強いとおっしゃっていました。あくまでも分析手法は道具ですので、用途に合わせて使い分けていきたいところです。

総まとめ！
コンバージョンに影響を与えたコンテンツは何かを分析してみよう

第８章では、これまで説明してきたことを使って、キャンペーンに申し込んだ人とそうでない人の違いを分析。どんなコンテンツがコンバージョンにつながったのかを実際に分析してみましょう。

 因果関係について具体的に考えてみます

前章は、「○○したら→◎◎できる！」という因果関係をデータに当てはめることにチャレンジしました。インターネットマーケティングの現場に因果関係の考え方を当てはめると、

- 魅力的なコンテンツを用意したから　→　コンバージョンにつながった！
- 適切な広告配信ができたから　→　コンバージョンしてもらえた！

といったことになるでしょうか。つまり、資料請求や商品購入といった「コンバージョン（CV）」に、「何が」「どれだけ」効果があったのかを特定したい。別の言葉で言うと**「原因を特定」して「定量化」したい**、ということでしょうか。

データとしてよくあるのは、ユーザーごとに訪問したサイトのページや接触した広告などの行動履歴に加えて、性別や年齢といった属性情報が付加されるケースも多いです。前章の説明を踏まえると、「CV した」「CV していない」が被説明変数（目的変数）となり、「訪問したページ」「接触広告」「性別」「年齢」などが説明変数ということになります。

ただし、本章の事例はそれらと決定的に異なる点があります。それは被説明変数が量的変数ではなく、0と1のダミー変数であるという点です！　これ大事。

このような課題は、考えてみるとあちこちに転がっています。例えば、「ダイレクトメールに反応しやすいグループを特定したい」とか、「会員登録していない人に登録してほしい」などなど適用範囲は非常に広いです。知りたいこと（被説明変数）を0と1のダミー変数とし、その他に考えられる各種属性データや行動データを丁寧に準備してあげることで、課題解決の糸口をつかむことができるのです！

キャンペーンに申込んだ人と、申込んでいない人を比較！

この章ではサンプルデータとしてCV_data2.csvを使いますので、あらかじめ所定のフォルダにコピーしておいてください。

今回のサンプルデータは、キャンペーン（CP）の申込みに関する、Web行動データと属性データから構成されています。CV_data2.csvをExcelで開くとこんな感じになります。

	A	B	C	D	E	F	G	H
1	id	CP申込み	性別	年齢	経済関連	掃除関連	教育関連	サーチ流入
2	10	1	1	38	10	8	4	8
3	11	1	1	30	5	4	3	8
4	12	1	1	25	6	3	2	7
5	13	1	1	38	7	5	4	6
6	14	1	0	41	5	7	5	7
7	15	1	0	26	4	2	3	6
8	16	1	1	26	3	7	4	8
9	17	1	1	26	2	5	5	5
10	18	0	0	30	5	2	9	8
11	19	0	0	21	4	3	8	1
12	20	0	0	31	3	8	7	4
13	21	0	0	40	2	4	7	3
14	22	0	0	44	4	5	7	5
15	23	1	1	33	6	5	1	8

「○○関連」は、サイト上のコンテンツです。「経済関連」は、経済関連のコンテンツのページビュー（閲覧回数）ということになります。各項目の内容は以下のとおりです。

1. id：　ユーザーID
2. CP申込み：キャンペーン申込み済み（=1）、未申込み（=0）
3. 性別：　男性（=1）、女性（=0）
4. 年齢：　年齢
5. 経済関連：　時事、経済に関連するコンテンツページ閲覧回数
6. 掃除関連：　掃除など家事情報に関連するコンテンツページ閲覧回数
7. 教育関連：　教育情報など子育てに関連するコンテンツページ閲覧回数
8. サーチ流入：ブランドや製品名称での検索結果からの流入回数

このようなデータがあったとして、キャンペーンに申込み済みのユーザーとまだ申込んでいないユーザーの違いを明らかにすることができれば、次の打ち手を考えるきっかけになります！

では、さっそくデータの読み込みからです。

```
sample<-read.csv("c:/data/cv_data2.csv",header=T)

head(sample)
```

```
> sample<-read.csv("c:/data/cv_data2.csv",header=T)
> head(sample)
  id CP申込み 性別 年齢 経済関連 掃除関連 教育関連 サーチ流入
1 10        1    1   38       10        8        4          8
2 11        1    1   30        5        4        3          8
3 12        1    1   25        6        3        2          7
4 13        1    1   38        7        5        4          6
5 14        1    0   41        5        7        5          7
6 15        1    0   26        4        2        3          6
```

何はともあれデータの特徴をザックリとつかんでおきましょう。ここでは通常のsummaryに加えて、psychパッケージのdescribeも使います。psychパッケージをインストールしていない人は、あらかじめインストールしておいてから、以下のコマンドを入力してください。

```
summary(sample)

library(psych)

describe(sample)
```

```
> summary(sample)
       id           CP申込み         性別            年齢          経済関連        掃除関連        教育関連
 Min.   :10.00   Min.   :0.0   Min.   :0.00   Min.   :20.00   Min.   : 1.00   Min.   : 1.00   Min.   :1.00
 1st Qu.:22.25   1st Qu.:0.0   1st Qu.:0.00   1st Qu.:28.25   1st Qu.: 3.00   1st Qu.: 3.00   1st Qu.:2.00
 Median :34.50   Median :1.0   Median :0.00   Median :35.00   Median : 5.00   Median : 5.00   Median :5.00
 Mean   :34.50   Mean   :0.7   Mean   :0.48   Mean   :33.38   Mean   : 5.08   Mean   : 4.66   Mean   :4.94
 3rd Qu.:46.75   3rd Qu.:1.0   3rd Qu.:1.00   3rd Qu.:38.00   3rd Qu.: 7.00   3rd Qu.: 6.00   3rd Qu.:7.00
 Max.   :59.00   Max.   :1.0   Max.   :1.00   Max.   :50.00   Max.   :10.00   Max.   :10.00   Max.   :9.00
   サーチ流入
 Min.   :1.00
 1st Qu.:5.00
 Median :6.00
 Mean   :5.68
 3rd Qu.:7.00
 Max.   :8.00
> library(psych)
> describe(sample)
           vars  n  mean    sd median trimmed   mad min max range  skew kurtosis   se
id            1 50 34.50 14.58   34.5   34.50 18.53  10  59    49  0.00    -1.27 2.06
CP申込み      2 50  0.70  0.46    1.0    0.75  0.00   0   1     1 -0.85    -1.31 0.07
性別          3 50  0.48  0.50    0.0    0.48  0.00   0   1     1  0.08    -2.03 0.07
年齢          4 50 33.38  7.24   35.0   33.50  6.67  20  50    30 -0.16    -0.66 1.02
経済関連      5 50  5.08  2.65    5.0    5.00  2.97   1  10     9  0.10    -1.13 0.37
掃除関連      6 50  4.66  2.26    5.0    4.55  2.97   1  10     9  0.31    -0.54 0.32
教育関連      7 50  4.94  2.65    5.0    4.95  2.97   1   9     8 -0.07    -1.42 0.37
サーチ流入    8 50  5.68  1.74    6.0    5.80  1.48   1   8     7 -0.56    -0.36 0.25
```

サンプルデータに含まれるデータ件数は、describeの出力結果にあるnを見ることで確認できます。すべて50となっていますね。つまり読み込んだデータは50人分であることがわかります。

CP申込みの平均（mean）を見てみると、summaryでは0.7、describeでは0.70となっています。これは全50人中0.7=70%（=35 ÷ 50人）が申込み済みということを示しています（0と1のダミー変数の平均はそのまま割合として使えます）。同じ要領で性別を確認すると0.48=48%（=24 ÷ 50人）が男性であることが読み取れます。

年齢は20～50歳までで平均は33.38歳、○○関連のコンテンツページの接触回数は最低1回、最大で10回。サーチワードでの流入回数は1～8回といったところです。

復習を兼ねて、データを視覚化！

棒グラフ

では、これまでの復習を兼ねて視覚化していきましょう！　CP申込みと性別は棒グラフで表現します。

```
library(ggplot2)

library(gridExtra)

p1<-ggplot(sample,aes(x=CP申込み))+geom_bar()

p2<-ggplot(sample,aes(x=性別))+geom_bar()

grid.arrange(p1,p2,nrow = 1, ncol=2,main=textGrob("棒グラフ"))
```

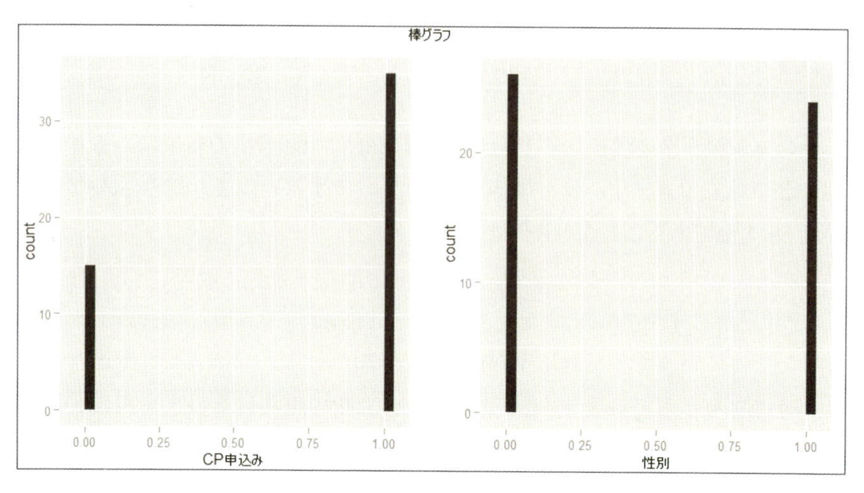

な、なんか割れてしまって、わかりにくいですね…。第6章でも説明しましたが、R上で変数がどのように扱われているかを確認してみましょう。

```
str(sample)
```

```
> str(sample)
'data.frame':   50 obs. of  8 variables:
 $ id        : int  10 11 12 13 14 15 16 17 18 19 ...
 $ CP申込み  : int  1 1 1 1 1 1 1 1 0 0 ...
 $ 性別      : int  1 1 1 1 0 0 1 1 0 0 ...
 $ 年齢      : int  38 30 25 38 41 26 26 26 30 21 ...
 $ 経済関連  : int  10 5 6 7 5 4 3 2 5 4 ...
 $ 掃除関連  : int  8 4 3 5 7 2 7 5 2 3 ...
 $ 教育関連  : int  4 3 2 4 5 3 4 5 9 8 ...
 $ サーチ流入: int  8 8 7 6 7 6 8 5 8 1 ...
```

CP申込みと性別は、ともに整数（int）として扱われてしまっています。つまり量的変数ですね。これを質的変数に変換しましょう！

```
sample$CP申込み<-as.factor(sample$CP申込み)

sample$性別<-as.factor(sample$性別)

str(sample)
```

```
> sample$CP申込み<-as.factor(sample$CP申込み)
> sample$性別<-as.factor(sample$性別)
> str(sample)
'data.frame':   50 obs. of  8 variables:
 $ id        : int  10 11 12 13 14 15 16 17 18 19 ...
 $ CP申込み  : Factor w/ 2 levels "0","1": 2 2 2 2 2 2 2 2 1 1 ...
 $ 性別      : Factor w/ 2 levels "0","1": 2 2 2 2 1 1 2 2 1 1 ...
 $ 年齢      : int  38 30 25 38 41 26 26 26 30 21 ...
 $ 経済関連  : int  10 5 6 7 5 4 3 2 5 4 ...
 $ 掃除関連  : int  8 4 3 5 7 2 7 5 2 3 ...
 $ 教育関連  : int  4 3 2 4 5 3 4 5 9 8 ...
 $ サーチ流入: int  8 8 7 6 7 6 8 5 8 1 ...
```

2つとも Factor（質的変数）に変更になりました。

では気を取り直してもう一度。

```
p1<-ggplot(sample,aes(x=CP申込み,fill=CP申込み))+geom_bar()+ylim(0,40)

p2<-ggplot(sample,aes(x=性別,fill=性別))+geom_bar()+ylim(0,40)

grid.arrange(p1,p2,nrow = 1, ncol=2,main=textGrob("棒グラフ"))
```

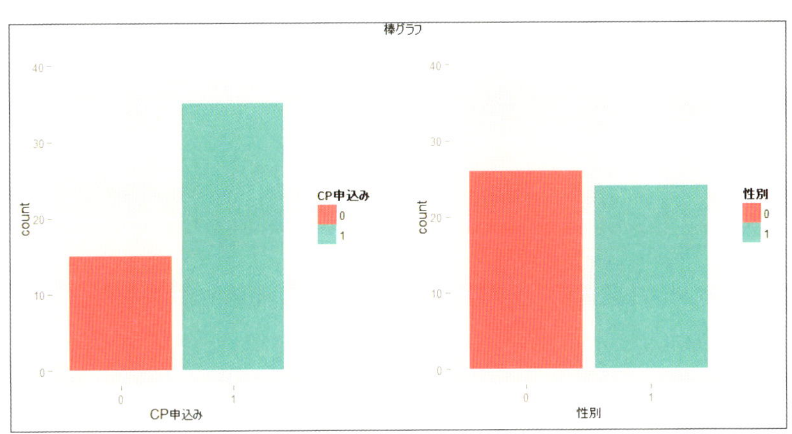

CP申込みの0は「未申込み」、1は「申込み済み」。性別の0は「女性」、1は「男性」です。うまいことキレイに出力できましたね。このコマンドを少し解説しておきましょう。

- fill=：色分けを指定。
- ylim(0,40)：y軸（縦軸）の上下限（ここでは0〜40）を設定し、2つのグラフの軸をそろえています。

先ほど数値で確認したとおり、キャンペーンの未申込み（=0）は15人、申込み済み（=1）は35人で大きく差がついていますが、性別はほぼ半々です。

積上げ棒グラフ

続いて、性別とCP申込みを積上げ棒グラフで表現してみましょう。

```
ggplot(sample,aes(x=CP申込み,fill=性別))+geom_bar(aes(fill=性別))
```

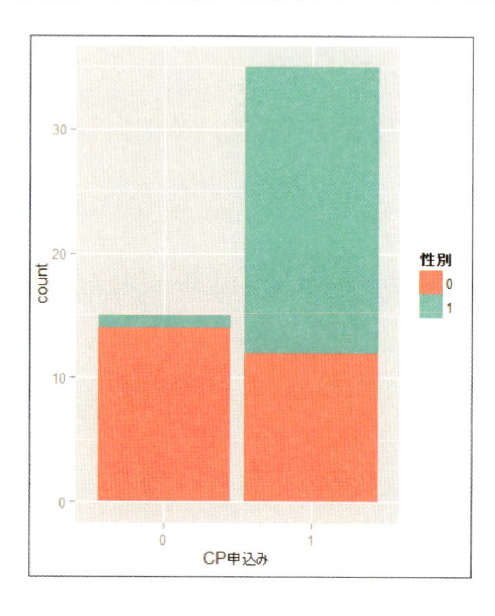

キャンペーン申込み済み（=1）は、男性（=1）が圧倒的に多いことが示されていますね。

ヒストグラム

さらに、ヒストグラムで各変数の分布を見ていきましょう。

```
p1<-ggplot(sample,aes(x=年齢))+geom_histogram(aes(fill=CP申込み))
```

```
p2<-ggplot(sample, aes(x =経済関連)) + geom_histogram(aes(fill=CP申込み))

p3<-ggplot(sample, aes(x =掃除関連)) + geom_histogram(aes(fill=CP申込み))

p4<-ggplot(sample, aes(x =教育関連)) + geom_histogram(aes(fill=CP申込み))

p5<-ggplot(sample, aes(x =サーチ流入)) + geom_histogram(aes(fill=CP申込み))

grid.arrange(p1,p2,p3,p4,p5,nrow = 2, ncol=3,main=textGrob("0=未申込み,➡
1=CP申込み"))
```

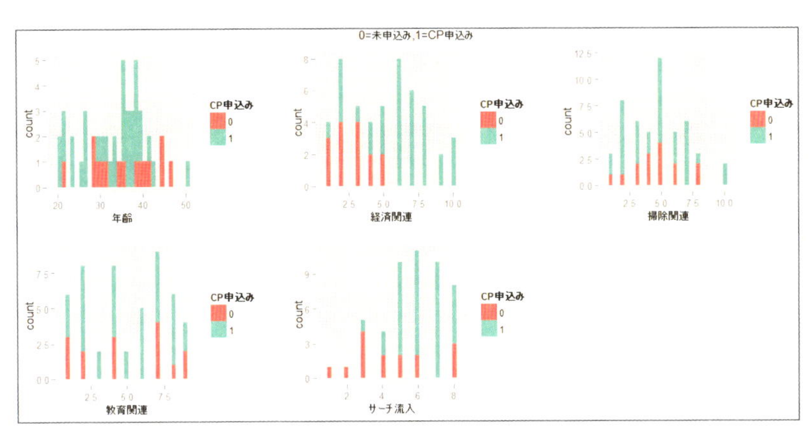

5つのヒストグラムのうちで、特徴的なのは経済関連です。訪問回数が5回を超えると、キャンペーン申込みをしていない人はいません。これは、経済関連のコンテンツを読んでいる人と、キャンペーン申込みに深い関係があることを示唆しています。

箱ひげ図

箱ひげ図（ボックスプロット）でもこの点を確認してみましょう。

```
p1<-ggplot(sample,aes(x=CP申込み,y=年齢))+geom_boxplot(aes(fill=CP申込み))

p2<-ggplot(sample, aes(x = CP申込み, y = 経済関連)) + geom_boxplot➡
(aes(fill=CP申込み))+ylim(0,10)
```

```
p3<-ggplot(sample, aes(x = CP申込み, y = 掃除関連)) + geom_boxplot➡
(aes(fill=CP申込み)) +ylim(0,10)

p4<-ggplot(sample, aes(x = CP申込み, y = 教育関連)) + geom_boxplot➡
(aes(fill=CP申込み)) +ylim(0,10)

p5<-ggplot(sample, aes(x = CP申込み, y = サーチ流入)) + geom_boxplot➡
(aes(fill=CP申込み)) +ylim(0,10)

grid.arrange(p1,p2,p3,p4,p5,nrow = 2, ncol=3,main=textGrob("0=未申込み,➡
1=CP申込み"))
```

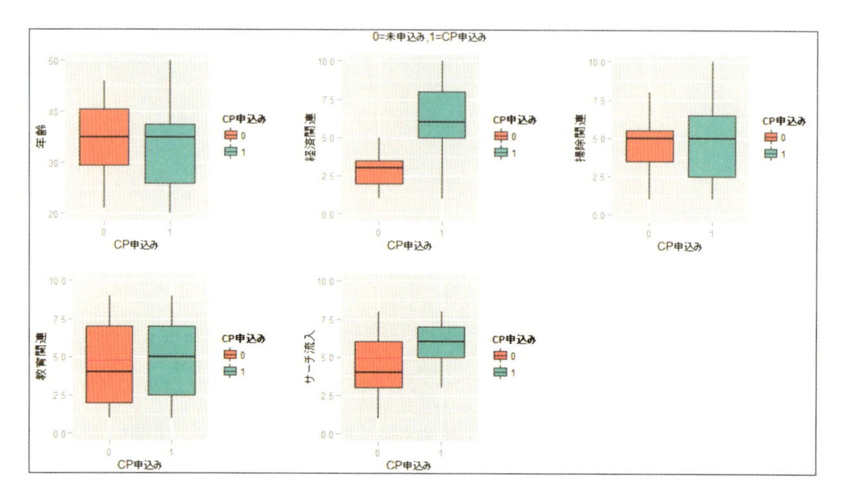

ヒストグラムで示唆されていた通り、キャンペーンを申込んだ人は、経済関連のコンテンツ訪問回数が多い傾向がはっきりと表れています。また、サーチ流入回数の中央値が申込み済みと未申込みで大きく異なっています。

散布図

説明変数間の関係はどうなっているでしょうか。相関が非常に強い変数が説明変数にあると面倒な問題を引き起こします（**多重共線性**と言います）。

相関係数を出力してみましょう。

```
cor(sample[,4:8])
```

```
> cor(sample[,4:8])
                 年齢      経済関連     掃除関連    教育関連   サーチ流入
年齢        1.00000000 -0.26976595  0.03306362  0.2675684  0.05348098
経済関連   -0.26976595  1.00000000 -0.03293885 -0.1187474  0.27975069
掃除関連    0.03306362 -0.03293885  1.00000000 -0.1711272 -0.15283689
教育関連    0.26756841 -0.11874736 -0.17112725  1.0000000  0.01345620
サーチ流入  0.05348098  0.27975069 -0.15283689  0.0134562  1.00000000
```

うーん、± 0.5 を超えるような相関関係にある変数は見当たりませんね。ここまでの分析で重要だと考えられる「経済関連」に着目して、散布図で視覚化しておきましょう。

```
p1<-ggplot(sample,aes(x=経済関連,y=年齢))+geom_point(aes(colour =CP申込み))

p2<-ggplot(sample, aes(x =経済関連, y = 掃除関連)) + geom_point ➡
(aes(colour= CP申込み))

p3<-ggplot(sample, aes(x =経済関連, y = 教育関連)) + geom_point ➡
(aes(colour = CP申込み))

p4<-ggplot(sample, aes(x =経済関連, y = サーチ流入)) + geom_point ➡
(aes(colour = CP申込み))

grid.arrange(p1,p2,p3,p4,nrow = 2, ncol=2,main=textGrob("0=未申込み,➡
1=CP申込み"))
```

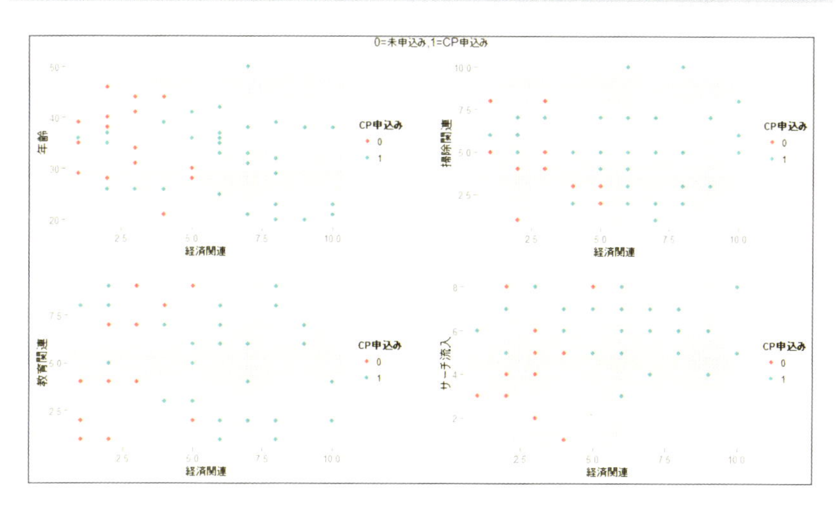

相関係数で確認したように、右肩上がり、あるいは右肩下がりの傾向がある

組み合わせは存在していません。

以上のことから、キャンペーン申込みについて何がしかの重要な情報となりそうなのは、棒グラフ、ヒストグラムや箱ひげ図の結果から、

① 性別
② 経済関連のコンテンツ
② サーチ流入

ではなかろうか、ということがそれとなく見えてきました。また、経済関連のコンテンツとサーチ流入の相関は0.279と極端に強いわけではないことから、ある程度異なる情報を持っているものと期待できます。

見せてもらおうか！ロジスティック回帰の実力とやらを

回帰分析の場合、説明変数と被説明変数はともに数値データである量的変数でしたね。今回のケースはどうでしょうか。説明変数は、量的変数です。ただ、被説明変数は0と1のダミー変数。でも、ダミー変数は量的変数としても取り扱えるイケテル変数でした。こんな時は、回帰分析ではなく**ロジスティック回帰**を使いましょう！

では、ロジスティック回帰を試してみましょう。ここでは、被説明変数は「CP申込み」、その他すべてを説明変数としてみましょう。

```
result_lg1 = glm(CP申込み ~ 性別+年齢+経済関連+掃除関連+教育関連+サーチ流入, ➡
sample, family=binomial)
```

大枠は第7章の回帰分析と同様です。関数は`lm`の代わりに`glm`を使用し、`family=binomial`と指定することでロジスティック回帰が可能となります。

まず結果を見てみましょう。

```
summary(result_lg1)
```

```
> summary(result_lg1)

Call:
glm(formula = CP申込み ~ 性別 + 年齢 + 経済関連 + 掃除関連 +
    教育関連 + サーチ流入, family = binomial, data = sample)

Deviance Residuals:
    Min       1Q   Median       3Q      Max
-2.5366  -0.3367   0.2105   0.3467   1.6018

Coefficients:
            Estimate Std. Error z value Pr(>|z|)
(Intercept) -4.68505    3.17900  -1.474   0.1405
性別1        2.35242    1.19932   1.961   0.0498 *
年齢        -0.03570    0.06282  -0.568   0.5699
経済関連     0.55289    0.24737   2.235   0.0254 *
掃除関連     0.17470    0.22149   0.789   0.4303
教育関連     0.15322    0.19707   0.777   0.4369
サーチ流入   0.36419    0.29403   1.239   0.2155
---
Signif. codes:  0 '***' 0.001 '**' 0.01 '*' 0.05 '.' 0.1 ' ' 1

(Dispersion parameter for binomial family taken to be 1)

    Null deviance: 61.086  on 49  degrees of freedom
Residual deviance: 30.237  on 43  degrees of freedom
AIC: 44.237

Number of Fisher Scoring iterations: 6
```

Pr(>|z|)の欄で、説明変数の係数が0の確率がわかります。例えば、注目の経済関連のコンテンツについては、その係数が0の確率は0.0254（=2.54%）なので、ほとんど0ではない（つまり信頼できる）ということが示唆されています。0.05（=5%）よりも小さいのは性別と経済関連だけですね。

係数が0の確率が5%よりも小さかった（5%有意水準で有意）、性別と経済関連の2つを取り上げて、もう一度チャレンジしてみましょう。

```
result_lg2 = glm(CP申込み ~ 性別+経済関連, sample, family=binomial)

summary(result_lg2)
```

```
> result_lg2 = glm(CP申込み ~ 性別+経済関連, sample, family=binomial)
> summary(result_lg2)

Call:
glm(formula = CP申込み ~ 性別 + 経済関連, family = binomial,
    data = sample)

Deviance Residuals:
    Min       1Q   Median       3Q      Max
-2.5105  -0.5399   0.2242   0.3838   1.9990

Coefficients:
            Estimate Std. Error z value Pr(>|z|)
(Intercept)  -2.4157     0.9130  -2.646  0.00815 **
性別1         2.7067     1.1687   2.316  0.02056 *
経済関連      0.5633     0.2108   2.672  0.00755 **
---
Signif. codes:  0 '***' 0.001 '**' 0.01 '*' 0.05 '.' 0.1 ' ' 1

(Dispersion parameter for binomial family taken to be 1)

    Null deviance: 61.086  on 49  degrees of freedom
Residual deviance: 32.855  on 47  degrees of freedom
AIC: 38.855

Number of Fisher Scoring iterations: 6
```

「Intercept（切片）」「性別1（男性）」「経済関連」、いずれも係数が0の確率は5%未満です！　ちなみにモデルの良さを評価する指標であるAICも38.855と、先ほどの44.237よりも減少しています。**AIC**とは**赤池情報量基準（Akaike's Information Criterion）**の略で、AICが小さいモデルを選択することで良いモデルが選択できるという考え方をもとにしています。また、回帰分析で出てきた自由度調整済み決定係数のように、使っている変数の数が多いとAICが大きくなるペナルティも考慮されています。

オッズ比を見る

ロジスティック回帰の場合は回帰分析と異なり、係数の値をそのまま解釈することはできません。以下のようにひと手間かけてあげる必要があります。

```
exp(result_lg2$coefficients)
```

```
> exp(result_lg2$coefficients)
(Intercept)        性別1      経済関連
 0.08930881 14.98017457  1.75649720
```

性別1（男性）は14.98、経済関連は1.75となっています。この値は**「オッズ比」**と呼ばれ、他の条件が一定だとして、説明変数が1単位増加した時の確率の変化を表します。

要するに、性別が女性（=0）から男性（=1）になると、キャンペーン申込み確率は14.98倍になるという意味です。でも、性別をユーザーさんに変更してもらうわけにはいかないですよね。これは、先ほどまでグラフによる「視覚化」で分析していたことが、「定量化」されてしまっています。

もう1つの項目について説明すると、経済関連のコンテンツを1回訪問すると、キャンペーン申込みの確率が1.75倍になるという意味になります。

結論を検証してみよう

上記2点から、当該キャンペーンは「男性、かつ経済関連のコンテンツに興味・関心のあるユーザーに響いているのでは」との結論が導き出せました。これが意図した通りであれば、コンテンツの内容や、サイト内動線の設計、広告配信対象の絞り込みなどの改善を行うことで、キャンペーン申込み数の増加が期待できます。

では、このモデルはうまいことデータを判別できているのでしょうか。検証してみましょう。

```
fit = fitted(result_lg2)
```

ここでは、fitted関数でキャンペーン申込みの確率（予測値）を算出して、fitに格納しています。

```
sample2<-cbind(sample,fit)

ggplot(sample2,aes(x=CP申込み,y=fit,fill=CP申込み))+geom_boxplot()
```

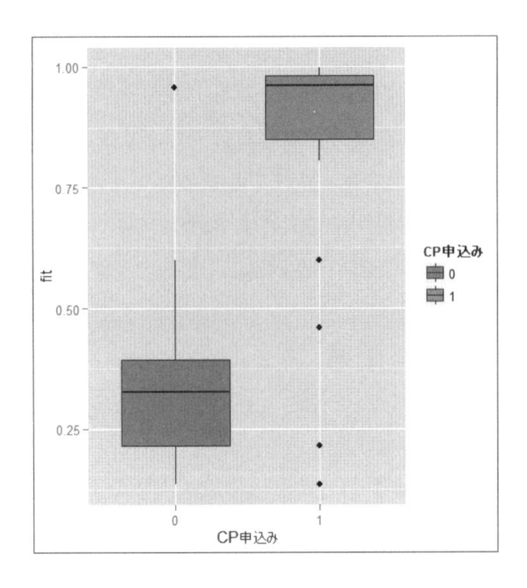

箱ひげ図の横軸は、キャンペーン申込みをしたかどうか、縦軸はロジスティック回帰モデルから得られた「予測の確率」です。一目見て、図がかなりの程度分離していることがわかります。**これは推定されたモデルの精度が高いことを示唆しています。**

キャンペーン申込みの予測確率が50%を超えていれば「申込みをする人」、超えていなければ「申込まない人」として、分類がうまくいったかを確認してみましょう。

```
sample2$pred<-ifelse(sample2$fit>0.5,1,0)

table(sample2$pred,sample2$CP申込み)
```

```
> sample2$pred<-ifelse(sample2$fit>0.5,1,0)
> table(sample2$pred,sample2$CP申込み)

     0  1
  0 13  4
  1  2 31
```

この出力結果は、次のような意味になります。

	0	1
0	13	4
1	2	31

→

	未申込み	CP 申込み済
未申込み予測	13	4
申込み予測	2	31

未申込みと予測して、実は申込み済みだったのは4人、申込みと予測して未申込みだったのは2人。つまり、誤答率は(4+2) ÷ 50=12%、正答率は88%となりました。

決定木も使ってみる

今回の分析は、第6章のクラスター分析の検証で使用した、決定木分析を使うこともできます。データとパッケージの準備を行います。あらかじめインストールしておくのは、rpart、rattle、rpart.plot の3つのパッケージです。

```
library(rpart)

library(rattle)

library(rpart.plot)

sample2$CV<-ifelse(sample2$CP申込み==0,"No","Yes")
```

では、決定木分析を実行して図を出力しましょう。

```
tree<-rpart(sample2$CV~性別+年齢+経済関連+掃除関連+教育関連+サーチ流入,➡
data=sample2)

fancyRpartPlot(tree)
```

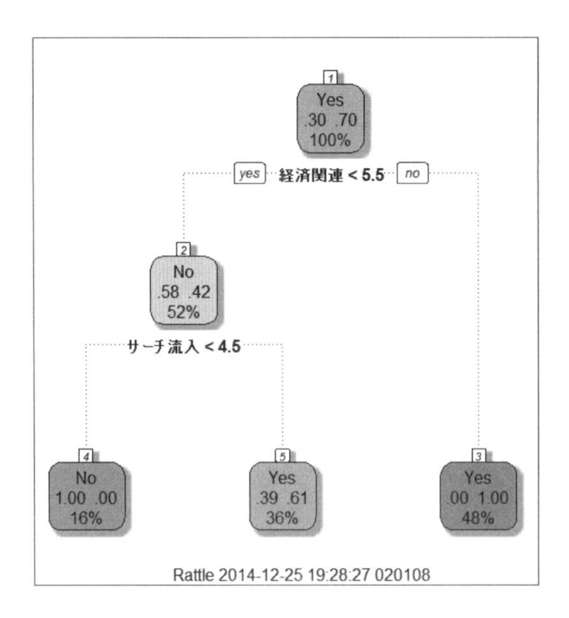

結果は、経済関連のコンテンツへの訪問回数が5.5回以上の場合は、右側へ進んで、キャンペーン申込み（=Yes）のみとなり、全体の48%となっています。5.5回未満の場合は、サーチ流入が4.5回以上か未満かで判定を行っています。4.5回未満の場合は未申込みのみで16%（=8/50人）となり、4.5回以上の場合は申込みの方が多い（0.61=61%）ものの、誤分類された未申込み（0.39=39%）も混在する結果となっています。

まとめ

いかがでしたでしょうか？　本章ではロジスティック回帰の使い方に慣れつつ、これまでの総まとめとして各種基本統計量、棒グラフ、ヒストグラム、箱ひげ図、相関分析、散布図、決定木についても触れました。一連の分析の流れについて実感して頂けたら幸いです。

COLUMN

～その先の出口～ 本書を読み終えたあなたに贈る12冊

Amazonで「ビッグデータ」と検索すると関連書籍が300件以上も出てきます。本書を読んだ後、もっと知識を深めたいという方のためにおすすめの本を紹介します。

R使いこなし編

① 『手を動かしながら学ぶ ビジネスに活かすデータマイニング』尾崎 隆 著、2014年、技術評論社
② 『データサイエンティスト養成読本』佐藤洋行、原田博植、下田倫大 他著、2013年、技術評論社
③ 『ビジネス活用事例で学ぶ データサイエンス入門』酒巻隆治、里 洋平 著、2014年、SBクリエイティブ
④ 『データマイニング入門』豊田秀樹 著、2008年、東京図書
⑤ 『Rによるデータサイエンス』金 明哲 著、2007年、森北出版

本書の後、①、②のいずれかに進めば分析手法の全体感をつかめるでしょう。③はデータの加工（データハンドリング）についても書かれていて役立ちます。④は後述の⑪をもとにしていますが、Rでの事例を含めた大幅な加筆修正がなされています。理論的背景を含め有益な1冊です。⑤は辞書的な使い方が良いと思います。

理論背景編

⑥ 『統計学が最強の学問である』西内 啓 著、2013年、ダイヤモンド社
⑦ 『統計学が最強の学問である[実践編]』西内 啓 著、2014年、ダイヤモンド社
⑧ 『実証分析入門 データから「因果関係」を読み解く作法』森田 果 著、2014年、日本評論社

本来であれば東京大学出版会の『統計学入門』をイチから読んでほしいところですが、多忙なビジネスパーソンが興味を持って読み進められる書籍をということでこの2冊。⑥は言わずと知れた大ベストセラー、まずはココから。⑦は少し難易度が上がりますので⑥を終えてから読むことをオススメします。⑧はデータ分析において実用的な勘所をわかりやすく（時に面白く）解説している良書です。

読み物編

⑨ 『ビッグデータの正体』ビクター・マイヤー＝ショーンベルガー、ケネス・クキエ 著、斎藤 栄一郎 訳、2013年、講談社

⑩『データ・サイエンティストに学ぶ「分析力」』ディミトリ・マークス、ポール・ブラウン 著、馬渕邦美 監修、小林啓倫 訳、2013 年、日経 BP 社
⑪『金鉱を掘り当てる統計学』豊田秀樹 著、2001 年、講談社ブルーバックス

前述の⑥はビジネスの課題解決における因果関係の重要性を強く説いています。一方で、⑨の第 4 章は「因果から相関の世界へ」です。え！と目を疑いました。副題は「答えが分かれば、理由は要らない」です。事例を挙げて説得的に論を展開しています。⑩はマーケティング分野でのデータ分析、ビッグデータではなく手元のスモールデータからきちんと活用していきましょう、とのメッセージが印象的です。⑪は残念ながら現在入手困難のようですが、データから因果関係を見つけるイメージをコンパクトにまとめている良書です。

⑫『R によるハイパフォーマンスコンピューティング』福島 真太朗 著、2014 年、ソシム

最後の 1 冊は、付録の対談でも触れた、R による大規模データの処理方法の解説書です。読者の皆さんの興味や業務内容に役立つ本が見つかれば幸いです。

豊澤栄治（ロックオン）×井端康（アトラエ）

ツールを使いこなすだけでなく、さらに高いレベルを目指したい。

本書の著者、豊澤さんと仕事上のつながりのある井端さん。ともにRユーザーですが、Rの使い方、つきあい方はまったく違います。おふたりの経歴から、データ分析や広告運用の将来についての考え方まで、現場の空気が伝わってくる対談をお楽しみください。

Profile

豊澤 栄治
（株式会社ロックオン マーケティングメトリックス研究所　所長）

横浜国立大学経営学部、一橋大学大学院国際企業戦略研究科卒。SPSS Japanではテクニカルサポート、みずほ第一フィナンシャルテクノロジーでは機関投資家向けに金融工学を活用したコンサルティング、外資系運用会社（Amundi Japan）では7年間ファンドマネジャーとして、数理モデルに基づき2000億円超の年金資産を運用（リーマンショック直撃）。その後、金融での分析ノウハウをマーケティング分野に適用すべく、2013年2月ロックオンに入社。ツールは、SPSS Statistics、Amos、Modelerの他、SAS歴12年。最近はもっぱら（お金かからないフリーの）PythonとR。

井端 康
（株式会社アトラエ Green Marketing）

早稲田大学卒。2012年、新卒としてアトラエ（当時、I&Gパートナーズ）に入社。内定者時代からエンジニアとして従事し、入社半年後にはまったくの未経験ながら社内で唯一のマーケッターに転身。現在は利用企業3500社、30万人ユーザーが使う業界トップレベルのマッチングプラットフォームサービス「Green」において、年間数億円にものぼる広告の運用を1人でコントロールしている。

転職サイト「Green」のマーケッターとして

—本書の著者である豊澤さんと、仕事上のつながりのある井端さんの対談です。まず、最初にお互いの自己紹介を簡単に。

井端 僕は今、入社3年目。最初はエンジニア見習いみたいなところからスタートして、開発の仕事を1年半くらいやった後で、主力事業である転職サイト「Green」のマーケティングに移りました。そこから、いわゆるウェブマーケティングといわれる領域に従事しています。ウェブ広告をたくさん使って、広告効果をどう評価するかということが、ずっと社内で議論の対象だったので、それを体系的な方法論でやるんだったらどういうアプローチがあるのか、ということに次第に興味を持ち始めました。そのころ、仕事を通じて豊澤さんとのやり取りが増えていき、お聞きする機会が増えていったんです。

―広告の運用に関しては、井端さんに一任されているのですか。

井端 そうです。ほっといてもデータとして数値は出るんですけど、それをどう評価するかというのが結構難しいところで。データって人によって見たいように見れてしまう。だから、ちゃんとした見方で評価できるようになりたい、というのが課題としてずっとありました。

―1人で勉強しながら、豊澤さんにアドバイスをもらって勉強していったと。

井端 自分のレベル感を踏まえた本の推薦は、最初の段階ではすごく助かりました。それを過ぎると、難易度別に本を探せばあるんですけど、気づかなかったりする。そもそも自分がどこからスタートしたら、心が折れないかっていうのを教えてもらえると助かりますね（笑）。

―最初のころと比べると、自分のレベルが上がってきたと感じていますか？

井端 どういうエリアが、自分の事業に対して影響を及ぼし得る可能性があるかどうかの嗅覚は付いたかなとは思います。ただ、基礎の土台部分はごっそり抜けてたりするので、そこはずっと課題感としてあり続けてますね。

―井端さんがRを使うようになったきっかけというのは。

井端 基本的にやろうと思えば全部Excelで間に合っちゃうんですよね。CSVで吐き出されるデータなので。ただ、僕の場合、Rの使い方がちょっと特殊です。最近は、モデル作ってこうしようというのがあるんですけど、以前は本当にExcelのマクロみたいな感覚で使っていました。僕、Excelのマクロが使えなくて、セルの処理を自動化したいけど、マクロでやるのは嫌だから、代わりにRでできるなと。最初はそんな使い方をしてたんです。

―Rのそっけないインターフェースに抵抗感はありませんでしたか？

井端　もともと開発でRのようなターミナル、コマンドプロンプトの画面を使うことがあったので。そうやって使い始めたころに、豊澤さんの連載が始まって、すごく参考にしていました。

「住所不定、無職、自称ミュージシャン」から「分析の世界」へ

―豊澤さんは、どういう経緯で分析の世界へ？

豊澤　住所不定、無職で音楽やってました（笑）。大学卒業後、信託銀行に入社したのですが、当時のソニーミュージックのプロデューサーから声がかかったこともあり、半年で辞めてしまいました。バンドメンバーの家に転がり込んでバイトしながら音楽をやるという、ありがちなパターンです。データ分析に本格的に出会ったのが2000年ですね。その時にSPSSっていう統計のソフトを専門に扱ってる会社（その後、IBMが買収）がありまして、入社しました。住所不定、無職、自称ミュージシャンでも外資系だと入れたんですね（笑）。

そこではいろいろ勉強させてもらいました。ただ僕の場合、あくまでツールとしてSPSSを使いたかった。何に使うかというと「金融」。マーケットで勝ちたいという気持ちがありました。それで、金融工学を使う専門の会社、今のみずほフィナンシャルグループに行きまして、金融工学を使ったコンサルティングを、機関投資家といわれる生命保険会社、損害保険会社、銀行、資産運用会社に対して行っていました。

―華麗な転職ですね。

豊澤 でも、最初はまともに仕事ができなくて大変だったんですよ。そこで数学やデータ分析の勉強をちゃんとしたいと思い立って、会社のお金で夜間の大学に行かせてもらいました。その後、ソシエテ ジェネラル アセット マネジメント（現 Amundi Japan）というフランスの会社でファンドマネジャーをやっていました。

僕はSPSSのツールをかなり使いこなせるようになっていたのですが、転職先で使ってるツールはSAS。つまり、統計ツールがまったく違うものだった。SPSSを使いこなす自信はありましたが、SASのコードをイチから覚えなきゃいけない（笑）。泣きながらやった経験があります。

井端 SASのツールって金融機関でそんなに使われてるんですね。

豊澤 SASは信頼性がある統計解析ソフトとしてのブランドを確立していて、例えば、FDA（アメリカ食品医薬品局）は、薬事申請や臨床の報告にSASを使うことを推奨してきました。何か不具合があった時の保障や責任が明確であったことなどが考慮されたものと思います。しかしながら最近ではRも使われ始めているようですね。

―その後、現在のロックオンに移られて。

豊澤 自分の人生の分析は全然できてないんですが（笑）、十数年間は、自分で金融市場や企業の財務情報をデータベースや情報端末、果てはWebから集めて分析して仮説検証していて、回帰直線なら何万本引いたかわからないくらいどっぷり金融データに浸かっていました。リーマンショック後はファンドマネジャーとして、ひたすら厳しい環境に耐え忍んでいる中で、伸びている業界の伸びている会社で働いてみたいと思い転職しました。転職後にアベノミクスで株価は倍になってしまったのですけどね（笑）。

―豊澤さんが、Rを使うようになったきっかけは？

豊澤　ロックオンには、SASのようないわゆる統計解析ツールはなく、かといって高価なツールを入れることもできなかったので使い始めました。Rと、処理を自動化するのに便利なPythonというプログラミング言語を合わせて使っています。

井端　Pythonはよく話に出ますが、どういうフェーズで使うんでしょう。データの整形とか、データを取ってくるところですか？

豊澤　Pythonはそこも一貫してできちゃうので、システムに組み込みやすいというのがあります。実は僕、Rはちょっと苦手だったりするんです。でも、RはRでどんどんパッケージが進化していって、現在ではしのぎを削ってるのかなという感じがありますね。

Rを使うと、どんないいことがあるの？

―井端さんのメインの作業というのは？

井端　以前は広告の運用がメインの仕事だったのですが、今は全業務の多分0.5割くらい、1割を切ってます。現在のメインはどちらかというとウェブサイトの運営の方です。サイトのUIをどう変えるか、ユーザーの動線設計が中心。あとは何か問題がないか定期的に数値を見て、何か見つかったらドリルダウンしていくという、体系化しづらい調査がメインですね。

―広告運用の仕事が0.5割くらいになっているのは、Rを使って効率的に仕事をしているからとも言えるのでしょうか？

井端　そうですね。今は上司を説得してBIツールのTableauを入れたので、Rで僕が3か月くらいかけて組んだ処理が、全部Tableauに入れ替わりました（笑）。「うわ、要らなかった」と思って。今はモデルを使った分析作業みたいなところに時間を割いています。

―それまでは、自分でいろいろ調べて試行錯誤しながらやってたんですね。

井端 そうですね。その時、豊澤さんの連載を見て、「こういうことをしたい時はこういう関数使うんだな」とか、基礎的な勉強の参考にしました。

豊澤 Excelでグラフを表にするよりは、Rでやった方が楽でしたねっていう。

―「Rを使うと何が便利になるのかな」と疑問を持っている人は多いと思うのですが。

井端 僕の理解も正確ではないと思いますが、以前はどちらかというと作業の自動化に使っていました。でも、それがRの一番の強みではないなと。どちらかというと、持ってるデータから、人の目では直感的には判断し得ないものを抽出する作業に、Rを使うのが妥当なんだろうなと思っています。今も勉強中なので、その認識は動いてたりしますが。「あ、これ、こういう使い方のほうが、うちには合ってるな」とか。

これはもう、Rは全然関係ないんですけど、Greenという転職サイトの場合、事業の特性上、「広告を使ってユーザーを獲得したら終わり」ではないんですね。その人たちが実際に企業に応募して就職が決まってはじめて、僕たちはお金がもらえるんですよ。なので、一番知りたいのは、「いくらでその人の採用が決

定したのか」という単価が知りたいんです。

でも、何もしないでいるとデータとして出てくるのは、登録の単価だけ。その数値から最終的な採用単価を出すのですが、その計算を手でやっていた。それをいったん自動化したいというのが課題としては一番優先度が高かったですね。何か高度なモデルを使ってどうこうっていうよりは。それができるようになった後で、広告の効果に興味を持ち始めたんですけど、まだちゃんとしたモデルを作ってやるところまで行ってないですね。

豊澤　これから井端さんと一緒にやろうと言っていて、大学の先生たちとも一緒にやろうかと話をしています。

―豊澤さんにとってのRとは？

豊澤　道具。けっこう何にでも使える道具ですね。どんな使い方をしてもいいし、しかもフリーっていう。

井端　うん。

豊澤　で、やる気になれば「パッケージ」がある。パッケージを作った人のサイ

トに行って、より詳しい情報を見たり、場合によっては作った人に質問もできちゃう。深堀りしようと思えばどんどんできる。
　余談ですけど、「Rは分散処理が得意ではない」と言われていたのですが、大規模データに対応したパッケージや専門書籍も出てきていますね。どんどん日進月歩で進化している。グラフをキレイに出すのが簡単にできるというところから、分散処理まで本当に汎用性が広いなと思っています。

—その汎用性の高さが、初心者にとってはつかみどころがないように見えるのかもしれませんね。

豊澤　おそらく業務ごとにRが役立つところが違うんですね。自分の業務で効果がすごく出そうなところにポイントを絞って勉強すると、はじめの2、3日だけで、もう目指す効果の半分ぐらい行っちゃうんじゃないか、という気はしますけど。

井端　僕の場合は、そもそもオモチャみたいな感覚でRを使っていた（笑）。だから、事業に活かそうと思ってはいるんですけど、「活かせたらたらいいな」くらいの感覚でやっていた部分はありますね。今もオモチャとして認識してます。正直、使える部分があったらラッキーぐらいに考えてる。

—その距離感がいいのかもしれないですね。

井端　Rの本も、面白そう、使えそうなのがあったら週末読んでみる。だからRを理解しなきゃいけないともあんまり思ってないんです（笑）。最悪、読んでわかんなかったらつまんなくなるんで、そこはもういいやみたいな。ちょっと軽く認識してるんですよね。良くも悪くも、今の業務を100％変えるものではなかったりするんで。

—それでもRの勉強を続けてるのは、興味の中にいつもRがある。

井端　単純に「アウトプットが面白いな」っていうのはすごく感じています。直感に反するアウトプットが出てくるものって、ゲームもしかりだと思うんですけど、僕はすごい面白いなと思ってて。そのテレビゲームの感覚に比較的近いんですよね（笑）。わからなくてちょっと心が折れたら、諦めて別のところに行く（笑）。なので、勉強してるって感覚はあんまりないんです。もしかしたら、会社の人に言われて勉強してたら嫌かもしれないですけど。

―ということは、アトラエは勝手にいろいろできる会社という。

井端　そうですね。勝手にやっていいという会社です（笑）。効果が出さえすれば何やってもいいっていうスタンスなんで。

豊澤　どちらかというと、僕の場合は追い詰められてやってる（笑）。会社の中で新しいソリューションを開発するというミッションがあるので。ヤル気のある若手の教育を含めて、誰でも分析して解釈できる土台を作る、ということにチャレンジしています。汎用化できるものは他の人にお願いしてスケールできるようにして、そうじゃないものは僕が引き受けています。データをこういう形式に加工して、この分析手法を適用して……と、昔使っていた手法をRだったらどうやってやるんだっけと必死に探して、やっと見つけたパッケージがベータ版だった、みたいな（笑）。格闘してるんですけど、割と楽しかったりしますね。

―豊澤さんは、ロックオンのソリューション開発にも意見を出す立場にあるのでしょうか。

豊澤　そうですね。今すごく注目されてる分野で言うと、マスとデジタルの統合ですね。まだテレビはテレビ、ウェブはウェブというふうに縦割りになってますけど、実はテレビでCM打つと、ウェブの方に跳ね返ってくる。これは現場のマーケッターの方々は皆さん感じていらっしゃると思います。

　オンラインとオフラインを統合した効果測定というのは、手法としてはあるんです。シングルソースパネルなどを使ったりすればできるんですけど、一人一人にアンケート取ったりすると、お金も時間もなかなかのコストになってしまいます。そういうものをもっと簡易にやる方法というのが、30年ぐらい前の計量経済学の手法などを使うと可能なんです。

ファイナンスや経済学の世界では、ずっと昔からある手法なのですが。

もちろんこの他にもベイジアンネットワークや共分散構造分析など多種多様な手法が適用可能です。それらを、「R」っていうソフトを使うとすぐできますよというのを、一生懸命伝えなきゃいけないと思っているんですけど、なかなか難しい。本当に理解してもらうには、こちらからもかなり歩み寄らないといけない。

初心者がつまずきやすいポイントとは

―豊澤さんのようなキャリアを積んできた方から見ると、データ分析で初心者がつまずきやすいところって何か気づいたりしますか？

豊澤 僕は学生の時に数学や統計の勉強を専門でしていたわけではないのですが、以前勤めていた会社は、まわりが真の理系集団で。例えば「ノーベル物理学賞を受賞した研究室にいました」とか普通で、僕以外はみんな理系ズだったんです。僕だけ文系ズで（笑）。みんな「ドクター持ってます（理系で）」とか、「趣味は数学です」とか、そんな方々ばかり。

なので、そんな中にぽーんと入っちゃって、本当に苦労したんですよね。苦労したんですけど、数学の勉強もあらためてしました。ただ、「数学的な理論的背景を完璧に理解できなくとも、ポイントを押さえて、実務上間違いなく使えればいい」という話も一方にはある。そうだとすると、社会人の頑張りでも、ある程度はできるんじゃないかと思ってます。

で、初心者がつまずきやすいポイントなんですが、これは僕がSPSS時代のデキる先輩から聞いた話で、「初心者は手元にあるデータが、どういう種類のものかわかってない」と。まずわかることが大事で、手元にあるデータと知りたいことがあれば、使う手法はおのずと決まってくるんですよ。

例えば「データを、似ているものどうしでまとめたい」とか。似ているものをまとめる時、持っているデータが（本書でも触れていますが）質的変数なのか、それとも量的変数なのか。そういう手元にあるデータの理解というのは、割と簡単で、勉強すればすぐできると思います。

あとは、分析に使う手法に合ったデータの持ち方になっているか。さらに、「知りたいことが何か」が決まれば、使うアプローチも決まります。そのアプローチがいくつもあるので、コードを入れ替えて試してみると、Rはポンっとアウトプットを出してくれるので、その結果をきちんと解釈すればいい。

―すごい理系集団の中にいる時は、同僚に、自分がわからないことを聞くことはできない雰囲気だったのでしょうか。

豊澤　いや、あんときは本当きつかったですね（笑）。でも、その中で大学院に行かせてもらったので本当にそこは感謝してます。あと、上司がものすごいできる人だったんです。締切が設定されていて、たとえば3週間ぐらい分析期間があるとするじゃないですか。僕なりに右往左往しながらやっていって締切が近づいてくると、上司がちょこちょこ僕を見てるんですよね。週末に会社来ると、上司もいたりして。で、いよいよ残り3日ぐらいになったところで、「いやー、ちょっと危ないなって思ってたんだよねー」とか言いながら、「じゃあ、やるか」とか言って（笑）。その人が「うおー！」ってSASでコード書くと、ものの2時間ぐらいで終わってしまって（笑）。

―俺のこれまでの作業は何だったの（笑）。

豊澤　「ちょっと危ないかなと思ったんだよねー」とか言いながらワーってコードを書いて、「今書いたばっかりだし、絶対間違いあるからそれを探せ」って言ってそのコードを渡されて、1行ずつ動かして。デバッグしながらプログラム読んで覚える、みたいなのやってました。

井端 いいっすね。

豊澤 僕にとって、その上司、すごい神様みたいな人ですけどね。中間ゴールは設定しといて、ペースがあまりよくないと、最後に自分がやればできるだけのバッファ取っといて、だめだったら全部ケツふきにくるっていう。

—すごい上司ですね。

豊澤 スタンフォード大学を出てる人で、本当にすごい方なんですけど、プラズマテレビは早く買い過ぎたと後悔されていましたね。

一同 （笑）

金融とマーケティングの人材の違い

―業界によって、データ分析のスキルやレベルというのは違うものでしょうか。

豊澤　ちょっとあまりいい表現じゃないかもしれないですけど、金融の世界、特にマーケットに関わる人たちは、数字を間違えたりすると致命的なんですよ。金融庁に呼び出されて課徴金みたいな、すごいペナルティがある。投資信託の基準価額を間違えるとかね。あと、パフォーマンス間違えちゃうとか、もうそれあり得ないですし。だから、数字に対する意識はすごく強いし、数字を扱うことも比較的慣れている。マーケットを専門に分析している部隊も各社に必ずいます。

金融の人とマーケッターの人、それぞれを比較する時に、縦軸にデータ分析のリテラシーを取って、横軸に人数を取って順番で並べたとしましょう。1番できる人、2番目にできる人、3番目にできる人を並べていくと、マーケティングの世界にもすごくできる人は確かにいるんです。

ただ、金融業界だとグラフのカーブがなだらかなのですが、マーケティング分野だと、優秀な人たちとそうでない人たちの人数の落差が激しい。これだけネット広告が普及して、効果がある程度可視化され、広告主が広告の効果に対してすごく疑問を持っていたりする。そして、ウェブでは細かく数字が取れるから、予算を割いているマス広告の効果をもっと測りたいと考えるようになってきた。そんな中で、マーケティングの世界で裾野の方にいる人たちのリテラシーを少し上げるだけで、業界全体のレベルや効率が上がるし、それを広告主にも還元できる。リターンもより多くなっていくと思うんです。つまり、無駄なところに広告費を使っていたのが、より適正な予算配置になるんじゃないかなと思っています。

広告運用は人間がやる仕事ではなくなる？

―ウェブマーケティングに話を戻すと、米国の広告業界団体のANAが、「2014年の気になる言葉は？」というテーマで投票を呼び掛けたら、「プログラマティック」つまり、プログラムを使って自動化した広告取引を表す言葉が選ばれたんですよね。

豊澤「プログラマティック」というと、井端さんも一部でそういうツールを使ってましたよね。Facebookでしたっけ？

井端 広告運用の自動化のツールみたいなのは、使ってましたね。うちは自動化には賛成というか、なぜなら人数が少ないからなんですけど（笑）。でも、人手が足りなくても僕が中途採用で人を採らない理由としては、これ僕個人の主張なんですけど、広告運用って人がやる仕事ではなくなると個人的には思っているんです。

そういう未来に遅かれ早かれ向かってく中で、広告運用だけの仕事をする人を採ることに僕はどうしても抵抗がある。多分その人は仕事がなくなると考えると、そういう採用の仕方はできないと僕は思っています。

今は、ロックオンの「THREe」というツールを使っていて、リスティング運用もほとんど手離しにしてますし、似たようなツールをFacebookの広告運用のために入れてそこも手離しにしてます。そういう方向に間違いなく行くだろうなと思ってますね。

―米国でも、マーケッター自ら広告予算を投資していく、インハウスの動きがありますね。

井端 日本ではツールを使って広告を運用してる人が「職人」として地位を確立してるのが、僕はすごい違和感あるんですよ。実はそういう運用というのは、その分野におけるリテラシー、それを使いこなす人の能力がすごく要求されていくんだろうなと思います。

広告運用ツールも、リテラシーがなければ導入もできない。導入してもおそらく放置されて終わる。わからないから。そうなってくると、解析でも、広告運用でも、ツールを使いこなすことにおいて、最低限要求されるスキルの水準ってすごく高くなってきてるなと思っています。僕は、そこに対する危機感を非常に強く持っています。このままだと本当にわかんなくなっちゃうなって。

—井端さんは、自分のスキルに対する欲求を満たすために、どんな勉強会に参加しているんですか？

井端　有志でやるやつはやっぱりすごい尖ってますね。昨日も勉強会に行ったんですけど、「どう自動化してるのか」っていうのは結構テーマとして大きい。これだけ高度な内容を、手を使わずにどう作ったかみたいなのが多い。それをTableauでやってるのか、R使ってやってるのか、Python使ってやっているのかっていうのはそれぞれ違うんですけど。数はまだ少ないですけど、面白い勉強会は参加者が全員20代。僕と同じくらいの年代の人、かつ開発者出身の人が結構多いですね。

—そういう会では、意見交換とかも活発ですか。

井端　やっぱりレベルが近い人は活発になりますし、わかんない人は全然わかんないと思います。

これからRを使ってみたい人へ

—最後に、読者へのアドバイスや、これからチャレンジしたいことなど。

豊澤　本書で紹介したRの知識は、どんな会社へ行っても使えますし、数字に対するリテラシーというのは一生の武器になると思います。何か物事を進める時に、「勘と経験と度胸」のKKDだけじゃなく、きちんと説得力を持たせられるツールになり得る。そういう意味でも、Rはおすすめです。個人的には、Rを使った分散処理みたいなところもちょっと勉強したいなと思っています。

井端　僕も同じです。何だかんだで、すごい汎用的な知識だなって思うので、

やった方がいいことは多分みんな理解してると思います。

Rのパッケージを使うと、いろんな基礎知識がなくても（これは良くも悪くもだと思いますが）使えるじゃないですか。その基礎知識の部分をスキップして、高みに立てることに僕は単純に興奮するんですよ。「オレ、勉強してないのに」「オレがコード組んだわけじゃないのに」このアウトプットが得られる。それを実感できるのは、僕はすごい楽しい。他のもっと頭がいい人が考えたことを、俺はたった2行ぐらいのコードでできるんだって（笑）。何か「知の飛躍」があるというか、それを感じられるんですよね。

Rを使ってみて、きれいなグラフとしてのアウトプットなのか、納得できる数値としてのアウトプットなのか、みんながどっちに快感を持つのかはわかりませんが、それをいったん味わうと「超楽じゃん」っていうのを感じられるんじゃないかなと思いますね。

―そういう快感を味わえる瞬間を求めて、Rを使ってほしいですね。おふたりともありがとうございました。

取材・構成：MarkeZine編集部、写真：高山 透

おすすめのRのパッケージ

本書で紹介したパッケージを中心に、おすすめのパッケージ15個をまとめました。

グラフの描画

1 ggplot2

綺麗なグラフを描写できます。（4章、5章、6章、7章、8章）

2 gridExtra

grid.arrange関数を使って複数のggplotグラフを配置できます。（4章、6章、7章、8章）

3 scales

+ scale_y_continuous(label=comma)でy軸の値を3桁区切りにするなど、カスタマイズを可能にします。

データの前処理

4 caret

dummyVars関数でダミー変数を作成できます。多数の機械学習アルゴリズムを搭載。（6章、7章）

分析手法

5 car

高度な散布図行列の他、多重共線性のチェックができるVIF（Variance Inflation Factor：分散拡大係数）などを搭載。（4章、7章）

6 psych

高度な散布図行列の他、心理学で頻繁に使用される分析手法を搭載。（4章、6章、8章）

7 vcd

質的変数(カテゴリカルデータ)の分析で役立つ手法を搭載。（5章）

8 deal

ベイジアンネットワークの実行を可能にします。（4章）

9 rpart
決定木の実行を可能にします。(5章、6章、8章)

10 rpart.plot
rpartの結果を図示します。(5章、6章、8章) 例:`rpart.plot(result)`

11 partykit
rpartの結果を図示します。(5章、6章、8章)
例:`plot(as.party(result),tp_args=T)`

12 rattle
rpartの結果を図示します。(5章、6章、8章) 例:`fancyRpartPlot(result)`

本書では紹介していない高度な分析を可能にするパッケージ

13 vars
Granger Causality Test(グレンジャー因果性テスト)やインパルス応答など計量時系列分析の手法を搭載。

14 lavaan
共分散構造分析を可能にします。

15 semPlot
lavaanの結果を可視化します。

このリストは、http://cran.r-project.org/web/packagesを参考に筆者が作成しました。ベイジアンネットワークを可能にする**8**、および本書で触れていない**13**、**14**、**15**については、以下の文献をご覧ください。

8 『ネットワーク分析』鈴木 努 著、2009年、共立出版
『データマイニング入門』豊田秀樹 著、2008年、東京図書
13 『経済・ファイナンスデータの計量時系列分析』沖本竜義 著、2010年、朝倉書店
14, 15 『共分散構造分析 R編―構造方程式モデリング』豊田秀樹 著、2014年、東京図書

INDEX 索引

さ

た

な

は

ま

INDEX 関数索引

おわりに

以前、書籍を多数出版されているビジネスマンの大先輩からこんな話を聞きました。「本を読んでいると誤植や間違いが気になって仕方なかった。でも、出版した後はたったこれしか間違ってる所がないのか、と見方がまったく変わった」。当時、若造だった私は意味がよくわかりませんでした。今こうして執筆してみると身に沁みます。沁みすぎてヒリヒリします。

理系だったわけでもない一社会人が現実の壁を前にして、追い込まれてどうにかこうにか乗り越えてきたデータ分析ノウハウを形にしました。この本はデータ分析の広大な扉の前にある階段のようなものです。極力、一段一段の幅を小さくし登りやすくしようと努めました。紹介した書籍とともに、扉を開いてその先の出口に向かって頂ければ幸いです！

あ、どんなにRと仲良くなっても、Excelとは決して別れられません。

筆者YouTube（Ag Toyosawa）
https://www.youtube.com/user/ag0625

著者紹介

豊澤栄治（株式会社ロックオン マーケティングメトリックス研究所 所長）

横浜国立大学経営学部、一橋大学大学院国際企業戦略研究科卒。SPSS Japanではテクニカルサポート、みずほ第一フィナンシャルテクノロジーでは機関投資家向けに金融工学を活用したコンサルティング、外資系運用会社（Amundi Japan）では7年間ファンドマネジャーとして、数理モデルに基づき2000億円超の年金資産を運用（リーマンショック直撃）。その後、金融での分析ノウハウをマーケティング分野に適用すべく、2013年2月ロックオンに入社。ツールは、SPSS Statistics、Amos、Modelerの他、SAS歴12年。最近はもっぱら（お金かからないフリーの）PythonとR。

本書について

本書は、マーケティングの情報サイト「MarkeZine」（http://markezine.jp/）の連載をまとめ、加筆、再構成して書籍にまとめたものです。

・実践！ Webマーケターのための R入門（2014年5月～9月）
http://markezine.jp/article/corner/513

連載企画・編集	押久保 剛（MarkeZine編集長）
書籍編集	井浦 薫（MarkeZine編集部）
装丁・本文デザイン	阿保 裕美
DTP	野田 玲奈、和泉 響子
カバーイラスト	湯鳥 ひよ（ブックスプラス）
写真	高山 透

楽しいR
ビジネスに役立つデータの扱い方・
読み解き方を知りたい人のためのR統計分析入門

2015年 2月9日 初 版 第1刷発行

著　　者　豊澤 栄治
発 行 人　佐々木 幹夫
発 行 所　株式会社 翔泳社 （http://www.shoeisha.co.jp）
印刷・製本　株式会社 シナノ

本書へのお問い合わせについては、iiページに記載の内容をお読みください。

落丁・乱丁はお取り替えいたします。03-5362-3705までご連絡ください。

ISBN978-4-7981-3901-2　Printed in Japan